新工科建设·电气与自动化专业系列教材

U0161906

工 厂 供 电

主编　周　璐　周振超
副主编　李润生　沈　超　孙　娜

电子工业出版社
Publishing House of Electronics Industry
北京·BEIJING

内 容 简 介

本书共 7 章，分别为概论、工厂电力负荷及其计算、短路电流及其计算、工厂变配电所及其一次系统、工厂电力线路、工厂供电系统的过电流保护、供电系统的二次回路和自动装置。本书内容理论联系实际，章前设有学习目标与重点、关键术语，为方便学生复习和自学，章末由本章小结、复习思考题和习题组成。

本书适用于应用型本科院校电气工程及其自动化专业、自动化专业和电气技术等专业的学生，也可以供有关工程技术人员参考。

图书在版编目（CIP）数据

工厂供电 / 周璐，周振超主编. —北京：电子工业出版社，2024.1
ISBN 978-7-121-46850-6

Ⅰ．①工⋯　Ⅱ．①周⋯　②周⋯　Ⅲ．①工厂—供电　Ⅳ．①TM727.3

中国国家版本馆 CIP 数据核字（2023）第 239517 号

责任编辑：刘御廷　　文字编辑：张天运
印　　刷：三河市君旺印务有限公司
装　　订：三河市君旺印务有限公司
出版发行：电子工业出版社
　　　　　北京市海淀区万寿路 173 信箱　　邮编：100036
开　　本：787×1092　1/16　印张：13.25　字数：339.2 千字
版　　次：2024 年 1 月第 1 版
印　　次：2024 年 1 月第 1 次印刷
定　　价：45.00 元

前　言

工厂供电是普通高等院校电气工程及其自动化、自动化、电力工程、电气技术等专业一门重要的专业课。它是"电路"等基础课程的后续课程，同时与电气工程及其自动化专业的"发电厂电气部分"课程有着很大的耦合，也是该课程的后续课程。

根据以应用为主的应用型办学特点，在教材的设计方面，每章开头设置学习目标与重点，进行相应的知识铺垫，通过正文对知识进行逐步引申，通过每章的小结对本章知识点进行归纳，最后设有复习思考题和习题。本书内容简单，突出应用性和实践性，以党的二十大精神为指引，充分发挥教材的铸魂育人功能。适合应用型本科院校、高职院校的学生和技术人员自学使用。

在本书的编写过程中，对复杂的计算及推导进行了简化，增加了具有实用价值的内容，拓展了读者的视野。本书由辽宁科技学院周璐、周振超担任主编，辽宁科技学院李润生、沈超、孙娜担任副主编。本书的第1章、第2章、第3章由辽宁科技学院周璐编写；第4章和第5章由辽宁科技学院周振超和李润生编写，第6章和第7章由辽宁科技学院沈超和孙娜编写；全书由周璐进行统稿。

由于编者经验不足，编写水平和业务水平有限，书中难免有不当之处，恳请各院校师生和广大读者批评指正。

编　者
2023 年 4 月

目　　录

第1章 概论

▶▶ 学习目标与重点

　◇ 了解工厂供电的概念和发电厂的种类。
　◇ 掌握电力系统的电压质量与电能质量。
　◇ 重点掌握电力系统元件额定功率的选择。
　◇ 掌握电力系统的中性点运行方式和低压配电系统的接地型式。

▶▶ 关键术语

　工厂供电；电压质量；电能质量；额定功率；中性点运行方式

1.1 工厂供电的意义、要求及课程任务

工厂供电（Plant Power Supply），是指工厂所需电能的供应和分配，也称工厂配电。

众所周知，电能是现代工业生产的主要能源和动力。电能既易于由其他形式的能量转换而来，也易于转换为其他形式的能量以供应用。电能的输送和分配既简单经济，又便于控制、调节和测量，有利于实现生产过程自动化，而且现代社会的信息技术和其他高新技术无一不是建立在电能应用的基础之上的。因此电能在现代工业生产及整个国民经济生活中的应用极为广泛。

在工厂里，电能虽然是工业生产的主要能源和动力，但是它在产品成本中所占的比重一般很小（除电化学等工业外）。例如，在机械工业中，电费开支仅占产品成本的5%左右。从投资额来看，一般机械工业在供电设备上的投资，也仅占总投资的5%左右。因此电能在工业生产中的重要性，并不在于它在产品成本中或投资总额中所占比重的多少，而是在于工业生产实现电气化以后，可以大大增加产量，提高产品质量，提高劳动生产率，降低生产成本，减轻工人的劳动强度，改善工人的劳动条件，有利于实现生产过程自动化。另外，如果工厂供电突然中断，那么对工业生产可能造成严重的后果。例如，某些对供电可靠性要求很高的工厂，即使是极短时间的停电，也会引起重大设备损坏或大量产品报废，甚至可能发生重大的人身事故，给国家和人民带来经济上、生态环境上甚至政治上的重大损失。因此，做好工厂供电工作对于发展工业生产和实现工业现代化，具有十分重要的意义。

工厂供电工作要很好地为工业生产服务，切实保证工厂生产和生活用电的需要，并做好节能和环保工作，就必须达到以下基本要求。

（1）安全。在电能的供应、分配和使用中，不应发生人身事故和设备事故。

（2）可靠。应满足电能用户对供电可靠性（即连续供电）的要求。

（3）优质。应满足电能用户对电压和频率等的质量要求。

（4）经济。供电系统的投资要少，运行费用要低，并尽可能地节约电能和减少有色金属的消耗量。

此外，在供电工作中，应合理地处理局部和全局、当前和长远等关系，既要照顾局部和当前的利益，又要有全局观点，能顾全大局，适应发展。例如，计划用电问题，就不能只考虑

一个单位的局部利益，更要有全局观点。

本书主要讲述中小型工厂内部的电能供应和分配问题，同时讲述电气照明等知识，使学生初步掌握中小型工厂供电系统和电气照明运行维护和简单设计、计算所必需的基本理论和基本知识，为今后从事工厂供电技术工作奠定一定的基础。

1.2 工厂供电系统、发电厂和电力系统及工厂的自备电源

1.2.1 工厂供电系统概况

一般中型工厂的电源进线电压是 6～10kV。电能先经高压配电所（High-voltage Distribution Substation，HDS）集中，再由高压配电线路将电能分送到各车间变电所（Shop Transformer Substation，STS），或由高压配电线路直接供给高压用电设备。车间变电所内装有配电变压器，将 6～10kV 的高压降为一般低压用电设备所需的电压，如 220/380V（220V 为相电压，380V 为线电压），然后由低压配电线路将电能分送给低压用电设备使用。

图 1-1 是一个比较典型的中型工厂供电系统简图。该图未绘出各种开关电器（除母线和低压联络线上装设的联络开关外），而且只用一根线来表示三相线路，即绘成单线图的形式。

图 1-1　中型工厂供电系统简图

从图 1-1 可以看出，该厂的高压配电所有 2 条 10kV 的电源进线，分别接在高压配电所的两段母线上。这两段母线间装有一个分段隔离开关（又称联络隔离开关），形成所谓"单母线分段制"。在任一条电源进线发生故障或进行检修而被切除后，可以利用分段隔离开关的闭合，由另一条电源进线恢复对整个配电所（特别是其重要负荷）的供电。通常这类接线的配电所的运行方式是：分段隔离开关闭合，整个配电所由一条电源进线供电，其电源通常来自公共电网（电力系统），而另一条电源进线作为备用，通常从邻近单位取得备用电源。

图 1-1 所示的高压配电所有 4 条高压配电线,供电给 3 个车间变电所。其中 1 号车间变电所和 3 号车间变电所都只装有一台配电变压器,而 2 号车间变电所装有两台,并分别由两段母线供电,其低压侧又采取单母线分段制,因此可由两段母线对重要的低压用电设备交叉供电。各车间变电所的低压侧、低压联络线相互连接,以提高供电系统运行的可靠性和灵活性。此外,该高压配电所还有一条高压配电线,直接供电给一组高压电动机;另有一条高压配电线,直接与一组并联电容器相连。3 号车间变电所低压母线上也连接一组并联电容器。这些并联电容器都是用来补偿无功功率以提高功率因数的。

图 1-2 是图 1-1 所示工厂供电系统的平面布线示意图。对于大型工厂及某些电源进线电压为 35kV 及以上的中型工厂,一般经两次降压,也就是电源进厂以后,先经总降压变电所,其中装有较大容量的电力变压器,将 35kV 及以上的电源电压降为 6~10kV 的配电电压,然后通过高压配电线将电能送到各个车间变电所,也有的在中间经高压配电所再送到车间变电所,最后车间变电所经配电变压器降为一般低压用电设备所需的电压,其简图如图 1-3 所示。

图 1-2 工厂供电系统的平面布线示意图

图 1-3 具有总降压变电所的工厂供电系统简图

有的 35kV 进线的工厂，只经一次降压，即 35kV 线路直接引入靠近负荷中心的车间变电所，经车间变电所的配电变压器直接降为低压用电设备所需的电压，如图 1-4 所示。这种供电方式，称为高压深入负荷中心的直配方式。这种直配方式，可以省去一级中间变压，从而简化了供电系统接线，节约了投资和有色金属的使用，降低了电能损耗和电压损耗，提高了供电质量。然而这要根据厂区的环境条件是否满足 35kV 架空线路深入负荷中心的"安全走廊"要求而定，否则不能采用，以确保供电安全。

图 1-4　高压深入负荷中心的工厂供电系统简图

对于小型工厂，由于其容量一般不大于 1000kVA 或稍多，因此通常只设一个降压变电所，将 6～10kV 降为低压用电设备所需的电压，如图 1-5 所示。

图 1-5　只设一个降压变电所的小型工厂供电系统简图

如果工厂所需容量不大于 160kVA，一般采用低压电源进线，直接由公共低压电网供电。因此工厂只需设一个低压配电间，如图 1-6 所示。

由以上分析可知，配电所的任务是接受电能和分配电能，并不改变电压；而车间变电所的任务是接受电能、变换电压和分配电能。供电系统中的母线（Busbar），又称汇流排，其任务是汇集和分配电能。而工厂供电系统，是指从电源线路进厂起到高低压用电设备进线端止的整个电路系统，包括工厂内的变配电所和所有的高低压供配电线路。

图1-6 低压电源进线的小型工厂供电系统简图

1.2.2 发电厂和电力系统简介

实际上电能的生产、输送、分配和使用的全过程，是在同一瞬间实现的，彼此相互影响，因此我们除了需要了解工厂供电系统的概况，还需要了解工厂供电系统电源方向的发电厂和电力系统的一些基本知识。

1. 发电厂

发电厂（Power Plant）又称发电站，是将自然界蕴藏的各种一次能源转换为电能（二次能源）的工厂。

发电厂按其所利用的能源不同，分为水力发电厂、火力发电厂、核能发电厂、风力发电厂、地热发电厂、太阳能发电厂等类型。

1）水力发电厂

水力发电厂简称水电厂或水电站，它利用水流的位能来生产电能。当控制水流的闸门打开时，水流沿进水管进入水轮机蜗壳室，冲动水轮机，带动发电机发电，其能量转换过程如图1-7所示。

图1-7 水力发电的能量转换过程

由于水电站的发电容量与水电站所在地点上下游的水位差（落差，又称水头）及流过水轮机的水量（流量）的乘积成正比，所以建造水电站，必须用人工的办法来提高水位。最常用的提高水位的办法是在河流上建造一道很高的拦河坝，形成水库，提高上游水位，使坝的上下游形成尽可能大的落差，水电站就建在坝的后边，这类水电站称为坝后式水电站。我国一些大型水电站（如长江三峡水电站）就属于这种类型。另一种提高水位的办法，是在具有相当坡度的弯曲河段上游，筑一低坝，拦住河水，然后利用沟渠或隧道，将上游水流直接引至建设在弯曲河段末端的水电站，这类水电站称为引水式水电站。还有一类水电站，是上述两种方法的综合，由高坝和引水渠道分别提高一部分水位，这类水电站称为混合式水电站。

水电建设的初期投资较大，建设周期较长，但发电成本较低，仅为火电发电成本的1/4～1/3；而且水电属于清洁、可再生的能源，有利于环境保护；同时水电建设，通常还兼有防洪、灌溉、航运、水产养殖和旅游等多项功能。而我国的水力资源十分丰富（特别是我国的西南地区），居世界首位。因此我国大力发展水电，并实施"西电东送"工程，以促进整个国民经济的发展。

2）火力发电厂

火力发电厂简称火电厂，它利用燃料的化学能来生产电能。我国的火电厂以燃煤为主。为了提高燃煤效率，将煤块粉碎成煤粉燃烧。煤粉在锅炉的炉膛内充分燃烧，将锅炉内的水烧成高温高压的蒸气，推动汽轮机带动发电机旋转发电，其能量转换过程如图1-8所示。

图1-8　火力发电的能量转换过程

现代火电厂一般都根据节能减排和环保要求，考虑了"三废"（废水、废气、废渣）的综合利用或循环使用。有的不仅发电，而且供热。兼供热的火电厂，称为热电厂。

火电建设的重点，是煤炭基地的坑口电站。我国一些严重污染环境的低效火电厂，已按节能减排的要求陆续予以关停。我国火电发电量在整个发电量中的比重已逐年降低。

3）核能发电厂

核能（原子能）发电厂简称核电站，它主要是利用原子核的裂变能来生产电能。其生产过程与火电厂基本相同，只是以核反应堆（俗称原子锅炉）代替燃煤锅炉，以少量的核燃料代替大量的煤炭，其能量转换过程如图1-9所示。

图1-9　核能发电的能量转换过程

由于核能是巨大的能源，而且核电也是相当安全和清洁的能源，因此世界上很多国家都很重视核电建设，核电在整个发电量中的比重逐年增长。我国在20世纪80年代就确定要适当发展核电，并已陆续兴建了秦山、大亚湾、岭澳等多座大型核电站。

4）风力发电、地热发电和太阳能发电简介

（1）风力发电：它建在有丰富风力资源的地方，利用风力的动能来生产电能。风能是一种取之不尽的清洁、价廉和可再生的能源，因此我国大力发展风电。但是风能的能量密度较小，因此单机容量不可能很大；而且它是一种具有随机性和不稳定性的能源，因此风力发电必须配备一定的蓄电装置，以保证其连续供电。

（2）地热发电：它建在有足够地热资源的地方，利用地球内部蕴藏的大量地热资源来生产电能。地热发电不消耗燃料，运行费用低。它不像火力发电那样，要排出大量灰尘和烟雾，因此地热属于比较清洁的能源。但是地下水和蒸气中大多含有硫化氢、氨和砷等有害物质，因此对其排出的废水要妥善处理，以免污染环境。

（3）太阳能发电：太阳能发电厂建在常年日照时间较长的地方，利用太阳的光能或热能来生产电能。太阳光能发电是指通过光电转换元件（如光电池等）直接将太阳光能转换为电能。这已广泛应用在人造地球卫星和宇航装置上。太阳热能发电，可分为直接转换和间接转换两种方式。温差发电、热离子发电和磁流体发电，均属于直接转换发电。而通过集热装置和热交换器，加热水使之变为蒸气，推动汽轮发电机发电，属于间接转换发电。太阳能是一种十分安全、经济、没有污染而且是取之不尽的能源。我国的太阳能资源也相当丰富，利用太阳能发电大有可为。

2. 电力系统

为了充分利用动力资源，减少燃料运输，降低发电成本，需要在有水力资源的地方建造水电站，而在有燃料资源的地方建造火电厂。但这些有动力资源的地方，往往离用电中心较远，所以必须用高压输电线路进行远距离输电，如图 1-10 所示。

图 1-10 从发电厂到用户的送电过程示意图

由各级电压的电力线路将一些发电厂、变电所和电力用户联系起来的一个发电、输电、变电、配电和用电的整体，称为电力系统（Power System）。图 1-11 是一个大型电力系统简图。

图 1-11 大型电力系统简图

电力系统中各级电压的电力线路及其联系的变电所，称为电力网或电网（Power Network）。但习惯上，电网或系统往往以电压等级来区分，如 10kV 电网或 10kV 系统。这里所说的电网或系统，实际上是指某一电压级的相互联系的整个电力线路。

电网按电压高低和供电范围大小可分为区域电网和地方电网。区域电网的范围大，电压一般在 220kV 及以上；地方电网的范围较小，最高电压一般不超过 110kV。工厂供电系统就属于地方电网的一种。

电力系统加上发电厂的动力部分及其热能系统和热能用户，称为动力系统。现在各国建立的电力系统越来越大，甚至建立跨国的电力系统或联合电网。我国到 2025 年，将初步建成能源互联网，常规水电、核电装机容量将分别达到 3.8 亿千瓦、0.7 亿千瓦左右，实现电力资源在全国范围内的合理配置和可持续发展。

建立大型电力系统或联合电网，可以更经济合理地利用动力资源，充分利用水力资源，减少燃料运输费用，减少电能消耗和温室气体排放，降低发电成本，保证电能质量（即电压和频率合乎规范），大大提高供电可靠性，从而有利于整个国民经济的持续发展。

1.2.3　工厂的自备电源简介

对于工厂的重要负荷，一般要求在正常供电电源之外设置应急自备电源。最常用的自备电源是柴油发电机组。对于重要的计算机系统等，则须另设不停电电源（Uninterrupted Power Supply，UPS，又称不间断电源）。

1. 采用柴油发电机组的自备电源

柴油发电机组作自备电源具有下列优点。

（1）柴油发电机组操作简便，启动迅速。当公共电网供电中断时，一般能在 10～15s 的短时间内启动并接上负荷，这是汽轮发电机组无法做到的。

（2）柴油发电机组效率较高（其热效率可达 30%～40%），功率范围大（从几千瓦至几千千瓦），且体积较小，质量较小，便于搬运和安装，特别是在高层建筑中，采用体型紧凑的高效柴油发电机组作自备电源是非常合适的。

（3）柴油发电机组的燃料是柴油，它储存和运输都很方便。这是以煤为燃料的汽轮发电机组所无法相比的。

（4）柴油发电机组运行可靠、维护方便。作为应急的自备电源，可靠性是非常重要的指标。运行如果不可靠，就谈不上"应急"。

柴油发电机组也有运行中噪声和振动较大、过载能力较小等缺点。因此在柴油发电机房的选址和布置上，应该考虑减小其对周围环境的影响，尽量采取减振和消声的措施。在选择机组容量时，应根据应急负荷的要求留有一定的裕量；投运时，应避免过负荷和特大冲击负荷的影响。

柴油发电机组按启动控制方式分为普通型、自启动型和全自动化型等。作为应急自备电源，应选自启动型或全自动化型。公共电网停电时，自启动型柴油发电机组能自行启动；全自动化型柴油发电机组不仅在公共电网停电时能自行启动，而且在公共电网恢复供电时能自动退出运行。

图 1-12　采用快速自启动型柴油发电机组作自备电源的工厂主接线图

图 1-12 是采用快速自启动型柴油发电机组作自备电源

的工厂主接线图，正常供电电源为 10kV 公共电网。

2．采用交流不停电电源的自备电源

交流不停电电源主要由整流器（UR）、逆变器（UV）和蓄电池组（GB）等组成，其示意图如图 1-13 所示。

图 1-13 交流不停电电源组成示意图

公共电网正常供电时，交流电源经晶闸管整流器转换为直流，对蓄电池组充电。当公共电网突然停电时，电子开关（QV）在保护装置作用下进行切换，使交流不停电电源投入工作，蓄电池组放电，经逆变器转换为交流，恢复对重要负荷的供电。

交流不停电电源与柴油发电机组相比，具有体积小、效率高、无噪声、无振动、维护费用低、可靠性高等优点，但其容量相对较小，主要用于电子计算机中心、工业自动控制中心等重要场所。

要求频率和电压质量较高的场合，宜采用高精度的稳频稳压式不停电电源作自备电源，其稳频稳压系统主要是通过逆变器来实现的。稳频工作由逆变器中的触发电路的稳频触发系统来实现。当采用晶体振荡器为振荡源组成分频式触发电路时，可使逆变器具有相当稳定的输出频率。而交流输出电压的稳定工作则通过对逆变器进行调制性控制来实现。其中，单脉冲脉宽调制法最为简便实用，因而被广泛应用。稳频稳压式不停电电源的工作原理电路简图如图 1-14 所示。

1—整流器；2—直流滤波器；3—逆变器；4—级联变压器；5—交流滤波器；6—电子开关；7—蓄电池组；8—整流器。

图 1-14 稳频稳压式不停电电源的工作原理电路简图

正常情况下，重要负荷由公共电网供电，交流电经整流器 1 整成直流电，并向逆变器 3 供电。为了保证供电质量，在逆变器 3 之前装设有直流滤波器 2，使整流后的脉动电压转换为无脉动的直流电压。在逆变器 3 将直流电逆变为交流电的过程中，可通过反馈控制环节实现交流电的稳压和稳频。逆变器 3 的输出端又连接有级联变压器 4，采取级联方式，既可改变电压，又可吸收谐波，使逆变器 3 的方波输出变换为阶梯波输出。为了使输出的交流电波形改善，又在级联变压器 4 之后装设了交流滤波器 5，从而使交流滤波器 5 输出的交流电为纯正弦波。通过以上几个环节的处理，可使电源的输出为稳压、稳频且为纯正弦波的高质量电压。

在公共电网正常供电的情况下，蓄电池组 7 通过整流器 8 将电网的交流电整成直流电而得到充电。

当公共电网停电时，保护装置使电子开关（QV）6 动作，其触点 QV1-2 闭合，使蓄电池组 7 对逆变器 3 的回路放电，从而使其交流输出端可不间断地对重要负荷供电。与此同时，电子开关触点 QV3-4 断开。在公共电网恢复供电时，保护装置又使电子开关 6 的触点切换，QV1-2 断开，切断蓄电池组放电回路，而 QV3-4 闭合，接通电网的供电回路。

这种稳频稳压式不停电电源系统通常还配备足够容量的快速自启动的柴油发电机组作自备电源，以弥补蓄电池组容量的不足。

1.3 电力系统的电压质量与电能质量

1.3.1 概述

电力系统中的所有设备，都是在一定的电压和频率下工作的。电压和频率是衡量电能质量的两个基本参数。

我国一般交流电力设备的额定频率为 50Hz，此频率通常称为工频（工业频率）。电力工业部 1996 年发布施行的《供电营业规则》规定，在电力系统正常的情况下，工频的频率偏差一般不得超过±0.5Hz。如果电力系统容量达到 300 万千瓦或以上时，频率偏差则不得超过±0.2Hz。在电力系统非正常的情况下，频率偏差不应超过±1Hz。频率的调整，主要依靠发电厂调整发电机的转速来实现。

对工厂供电系统来说，提高电能质量主要是提高电压质量。电压质量是按照国家标准或规范对电力系统电压的偏差、波动、波形及三相电压的对称性（平衡性）等的一种质量评估。

电压偏差是指电气设备的端电压与其额定电压之差，通常以其相对额定电压的百分值来表示。

电压波动是指电网电压有效值（均方根值）的快速变动。电压波动值以用户公共供电点在时间上相邻的最大与最小电压均方根值之差相对电网额定电压的百分值来表示。电压波动的频率用单位时间内电压波动（变动）的次数来表示。

电压波形的好坏，以其对正弦波形畸变的程度来衡量。

三相电压的平衡性，以其不平衡度来衡量。

1.3.2 三相交流电网和电力设备的额定电压

GB/T 156—2017《标准电压》规定，我国三相交流电网和用电设备、发电机、电力变压器的额定电压如表 1-1 所示。表中的电力变压器一次绕组、二次绕组的额定电压，是依据我国电力变压器标准产品规格确定的。

表 1-1 我国三相交流电网和用电设备、发电机、电力变压器的额定电压

分 类	电网和用电设备的额定电压/kV	发电机的额定电压/kV	电力变压器的额定电压/kV	
			一 次 绕 组	二 次 绕 组
低压	0.38	0.40	0.38	0.40
	0.66	0.69	0.66	0.69

续表

分　类	电网和用电设备的 额定电压/kV	发电机的 额定电压/kV	电力变压器的额定电压/kV	
			一 次 绕 组	二 次 绕 组
高压	3	3.15	3，3.15	3.15，3.3
	6	6.3	6，6.3	6.3，6.6
	10	10.5	10，10.5	10.5，11
	—	13.8，15.75，18，20，22，24，26	13.8，15.75，18，20，22，24，26	—
	35	—	35	38.5
	66	—	66	72.5
	110	—	110	121
	220	—	220	242
	330	—	330	363
	500	—	500	550
	750	—	750	825
	1000		1000	1100

1．电网（电力线路）的额定电压

电网（电力线路）的额定电压（标称电压）等级，是国家根据国民经济发展的需要和电力工业发展的水平，经全面的技术经济分析后确定的。它是确定各类用电设备额定电压的基本依据。

2．用电设备的额定电压

由于电力线路运行时（有电流通过时）要产生电压降，因此线路上各点的电压略有不同，如图 1-15 中虚线所示。但是批量生产的用电设备，其额定电压不可能按使用处线路的实际电压来制造，而只能按线路首端与末端的平均电压，即电网的额定电压 U_N（N 为英文 Nominal 的缩写）来制造。因此规定用电设备的额定电压与同级电网的额定电压相同。

图 1-15　用电设备和发电机的额定电压说明

但必须指出，GB/T 11022—2020《高压交流开关设备和控制设备标准的共用技术要求》规定，高压开关设备和控制设备的额定电压按其允许的最高工作电压来标注，即其额定电压不得小于它所在系统可能出现的最高电压，如表 1-2 所示。我国现在生产的高压设备大多已按此新规定标注。

表 1-2　系统的额定电压、最高电压和部分高压设备的额定电压　　　　（单位：kV）

系统的 额定电压	系统的 最高电压	高压开关、互感器及支柱 绝缘子的额定电压	穿墙套管的 额定电压	熔断器的 额定电压
3	3.5	3.6	—	3.5
6	6.9	7.2	6.9	6.9
10	11.5	12	11.5	12
35	40.5	40.5	40.5	40.5

3．发电机的额定电压

由于电力线路允许的电压偏差一般为±5%，即整个线路允许有 10%的电压损耗，因此为了维持线路的平均电压在额定电压值，线路首端（电源端）的电压应较线路额定电压高 5%，而线路末端的电压则较线路额定电压低 5%，如图 1-15 所示。因此发电机额定电压按规定应高于同级电网（线路）额定电压的 5%。

4．电力变压器的额定电压

1）电力变压器一次绕组的额定电压

分两种情况对其进行说明：①当电力变压器直接与发电机相连时，如图 1-16 中的电力变压器 T_1，其一次绕组的额定电压应与发电机的额定电压相同，即高于同级电网额定电压的 5%。②当电力变压器不与发电机相连而是连接在线路上时，如图 1-16 中的电力变压器 T_2，则可将它看作线路的用电设备，因此其一次绕组的额定电压应与电网的额定电压相同。

图 1-16　电力变压器的额定电压说明

2）电力变压器二次绕组的额定电压

亦分两种情况对其进行说明：①当电力变压器二次侧供电线路较长，如为较大的高压电网时，如图 1-16 中的电力变压器 T_1，其二次绕组的额定电压应比相连电网的额定电压高 10%，其中有 5%是用于补偿电力变压器满负荷运行时绕组内部的约 5%的电压降的，因为电力变压器二次绕组的额定电压是指电力变压器一次绕组加上额定电压时二次绕组开路的电压；此外，电力变压器满负荷时输出的二次电压还要高于电网额定电压的 5%，以补偿线路上的电压损耗。②当电力变压器二次侧供电线路不长，如为低压电网或直接供电给高低压用电设备时，如图 1-16 中的电力变压器 T_2，其二次绕组的额定电压只需高于电网额定电压的 5%，此时仅考虑补偿电力变压器满负荷时绕组内部 5%的电压降。

5．电压高低的划分

我国现在统一以 1000V 为界线来划分电压的高低：低压——指额定电压在 1000V 及以下者；高压——指额定电压在 1000V 以上者。

此外，尚可细分为低压、中压、高压、超高压和特高压：1000V 及以下为低压；1000V 以上至 35kV 为中压；35kV 以上至 220kV 为高压；220kV 或 330kV 以上为超高压；800kV 及以上为特高压。不过这种电压高低的划分，尚无统一标准，因此划分的界线并不十分明确。

1.3.3　电压偏差与电压调整

1．电压偏差的有关概念

1）电压偏差的含义

电压偏差又称电压偏移，是指给定瞬间设备的端电压 U 与设备额定电压 U_N 之差相对额定电压 U_N 的百分值，即

$$\Delta U\% = \frac{U - U_N}{U_N} \times 100\% \qquad (1\text{-}1)$$

2）电压对设备运行的影响

（1）对感应电动机的影响。当感应电动机端电压较其额定电压低 10% 时，由于转矩 M 与端电压 U 的平方成正比（ $M \propto U^2$ ），因此其实际转矩将只有额定转矩的 81%，而负荷电流将增大 5%～10% 以上，温升将增大 10%～15% 以上，绝缘老化程度将比规定增加一倍以上，明显地缩短了电动机的使用寿命。由于转矩减小，转速下降，不仅会降低生产效率，减少产量，而且还会影响产品质量，增加废品、次品。当其端电压较其额定电压偏高时，负荷电流和温升也将增大，绝缘相应受损，对电动机同样不利，也会缩短其使用寿命。

（2）对同步电动机的影响。当同步电动机的端电压偏高或偏低时，由于转矩也随电压的平方呈正比变化，因此同步电动机的电压偏差，除不会影响其转速外，其他（如对转矩、电流和温升）等影响均与感应电动机相同。

（3）对电光源的影响。电压偏差对白炽灯的影响最为显著。当白炽灯的端电压降低 10% 时，灯泡的使用寿命将延长 2～3 倍，但发光效率将下降 30% 以上，灯光明显变暗，照度降低，严重影响人的视力健康，降低工作效率，还可能增加事故。当其端电压升高 10% 时，发光效率将提高 1/3，但其使用寿命将大大缩短，只有原来的 1/3 左右。电压偏差对荧光灯及其他气体放电灯的影响不像对白炽灯那样明显，但也有一定的影响。当其端电压偏低时，灯管不易启燃。若多次反复启燃，则灯管寿命将大受影响；而且电压降低时，照度下降，影响视力工作。

3）允许的电压偏差

GB 50052—2009《供配电系统设计规范》规定，在系统正常运行的情况下，用电设备端子处的电压偏差允许值（以额定电压的百分数表示）宜符合下列要求。

（1）电动机为 ±5%。

（2）电气照明：在一般工作场所为 ±5%；对于远离变电所的小面积一般工作场所，难以满足上述要求时，可为 +5%，-10%；应急照明、道路照明和警卫照明等为 +5%，-10%。

（3）其他用电设备无特殊规定时为 ±5%。

2. 电压调整的措施

为了满足用电设备对电压偏差的要求，供电系统必须采取以下相应的电压调整措施。

（1）正确选择无载调压型电力变压器的电压分接头或采用有载调压型电力变压器。我国工厂供电系统中应用的 6～10kV 电力变压器，一般为无载调压型电力变压器，其高压绕组（一次绕组）有 $U_N \pm 5\%$ 的电压分接头，并装设有无载调压分接开关，如图 1-17 所示。若设备端电压偏高，则应将分接开关换接到 +5% 的分接头，以降低设备端电压。如果设备端电压偏低，则应将分接开关换接到 -5% 的分接头，以升高设备端电压。但是这只能在电力变压器无载条件下进行调节，使设备端电压较接近于设备额定电压，而不能按负荷的变动实时地自动调节电压。如果用电负荷中，有些设备对电压偏差要求严格，采用无载调压型电力变压器满足不了要求，而在技术经济层面上，这些设备单独装设调压装置又不合理，则可以采用有载调压型电力变压器，使之在负荷情况下自动调节电压，保证设备端电压的稳定。

图 1-17　电力变压器的无载调压分接开关

（2）合理减小系统的阻抗。由于供电系统中的电压损耗与系统中各元件（包括电力变压器和线路）的阻抗成正比，因此可考虑减少系统的变压级数，适当增大导线电缆的截面或以电缆取代架空线等来减小系统阻抗，降低电压损耗，从而减小电压偏差，达到电压调整的目的。但是增大导线电缆的截面或以电缆取代架空线，要增加线路投资，因此应进行技术经济层面的分析比较，合理时才采用。

（3）合理改变系统的运行方式。在一班制或两班制的工厂或车间中，工作班时间内，负荷重，往往电压偏低，因此需要将电力变压器高压绕组的分接头调在-5%的位置上。但这样一来，到晚上负荷轻时，电压就会过高。这时如能切除电力变压器，改用与相邻变电所相连的低压联络线供电可减少这台电力变压器的电能损耗，又由于投入低压联络线而增加了线路的电压损耗，从而降低了所出现的高电压。对于两台电力变压器并列运行的变电所，在负荷轻时切除一台电力变压器，同样可起到降低电压的作用。

（4）尽量使系统的三相负荷均衡。在有中性线的低压配电系统中，如果三相负荷分布不均衡，那么将使负荷端中性点电位偏移，造成有些相电压升高，从而增大线路的电压偏差。为此，应使三相负荷分布尽可能均衡，以降低电压偏差。

（5）采用无功功率补偿装置。电力系统中由于存在大量的感性负荷，如电力变压器、感应电动机、电焊机、高频炉、气体放电灯等，因此会出现相位滞后的无功功率，导致系统的功率因数降低及电压损耗和电能损耗增大。为了提高系统的功率因数，降低电压损耗和电能损耗，可采用并联电容器或同步补偿机，使之产生相位超前的无功功率，以补偿系统中相位滞后的无功功率。这些专门用于补偿无功功率的并联电容器和同步补偿机，统称为无功补偿设备。由于并联电容器无旋转部分，具有安装简便、运行维护方便、有功损耗小、组装灵活和便于扩充等优点，因此在工厂供电系统中获得了广泛应用。但必须指出，采用专门的无功补偿设备，虽然电压调整的效果显著，但增加了额外投资，因此在进行电压调整时，应优先考虑前面所述的各项措施，以降低供电系统的经济投入。

1.3.4 电压波动及其抑制

1. 电压波动的有关概念

1）电压波动的含义

电压波动是指电网电压有效值（均方根值）的连续快速变动。

电压波动值，以用户公共供电点在时间上相邻的最大与最小电压有效值 U_{max} 与 U_{min} 之差相对电网额定电压 U_N 的百分值来表示，即

$$\delta_U \% = \frac{U_{max} - U_{min}}{U_N} \times 100\% \qquad (1\text{-}2)$$

2）电压波动的产生与危害

电压波动是由负荷急剧变动的冲击性负荷所引起的。负荷急剧变动，使电网的电压损耗相应变动，从而使用户公共供电点的电压出现波动现象。例如，电动机的启动、电焊机的工作，特别是大型电弧炉和大型轧钢机等冲击性负荷的投入运行，均会引起电网的电压波动。

电压波动可影响电动机的正常启动，甚至使电动机无法启动；会引起同步电动机的转子振动；可使电子设备和电子计算机无法正常工作；可使照明灯光发生明显的闪变，严重影响视觉，使人无法正常生产、工作和学习。因此 GB/T 12326—2008《电能质量 电压波动和闪变》规定了电力系统连接点的电压波动和闪变的限值。

2. 电压波动的抑制措施

可采取下列措施抑制电压波动。

（1）对负荷变动剧烈的大型电气设备，采用专用线路或专用电力变压器单独供电。这是简便、有效的办法。

（2）设法增大供电容量，减小系统阻抗，如将单回路线路改为双回路线路，或将架空线路改为电缆线路等，使系统的电压损耗减小，从而减小负荷变动引起的电压波动。

（3）在系统出现严重的电压波动时，减少或切除引起电压波动的负荷。

（4）对大容量电弧炉的炉用电力变压器，宜由短路容量较大的电网供电，一般是选用更高电压等级的电网供电。

（5）对大型冲击性负荷，如果采取上列措施仍达不到要求时，可装设能"吸收"冲击性无功功率的静止型无功补偿装置（Static Var Compensator，SVC）。SVC 是一种能吸收随机变化的冲击性无功功率和动态谐波电流的无功补偿装置，其类型有多种，而自饱和电抗器型（SR型）的效能最好，其电子元件少，可靠性高，反应速度快，维护方便，且我国一般电力变压器厂均能制造，是适于在我国推广应用的一种 SVC。

1.3.5 电网谐波及其抑制

1. 电网谐波的有关概念

1）电网谐波的含义

谐波（Harmonic）是指对周期性非正弦交流量进行傅里叶级数分解所得到的大于基波频率整数倍的各次分量，通常也称为高次谐波，而基波是指其频率与工频（50Hz）相同的分量。向公用电网注入谐波电流或在公用电网中产生谐波电压的电气设备，称为谐波源。

就电力系统中的三相交流发电机发出的电压来说，可认为其波形基本上是正弦量，即电压波形中基本上无直流和谐波分量。但是由于电力系统中存在着各种各样的谐波源，特别是大型变流设备和电弧炉等的日益广泛应用，使得谐波干扰成了当前电力系统中影响电能质量的一大"公害"，亟待采取相关对策。

2）电网谐波的产生与危害

电网谐波产生的原因在于电力系统中存在各种非线性元件。因此，即使电力系统中电源的电压波形为正弦波，也会由于非线性元件的存在，使得电网中总有谐波电流或电压存在。产生谐波的电气元件有很多，如荧光灯和高压钠灯等气体放电灯、感应电动机、电焊机、电力变压器和感应电炉等，都会产生谐波电流或电压。最为严重的是大型晶闸管变流设备和大型电弧炉，它们产生的谐波电流最为突出，是造成电网谐波的主要因素。

谐波对电气设备的危害很大。谐波电流通过电力变压器，可使电力变压器铁芯损耗明显增加，从而使电力变压器过热，缩短其使用寿命。谐波电流通过交流电动机，不仅会使电动机的铁芯损耗明显增加，而且会使电动机转子发生振动现象，严重影响机械加工的产品质量。谐波对电容器的影响更为突出，谐波电压加在电容器两端时，由于电容器对于谐波的阻抗很小，因此电容器很容易过负荷甚至烧毁。此外，谐波电流可使电力线路的电能损耗和电压损耗增加；可使计量电能的感应式电能表计量不准确；可使电力系统发生电压谐振，在线路上引起过电压，从而击穿线路设备的绝缘；还可能造成系统的继电保护和自动装置发生误动作；并可对附近的通信设备和通信线路产生信号干扰。因此 GB/T 14549—1993《电能质量 公用电网谐波》对谐波电压限值和谐波电流允许值均做了规定。

2．电网谐波的抑制

可采取下列措施抑制电网谐波。

（1）三相整流电力变压器采用 Yd 或 Dy 联结。由于 3 次及 3 的整数倍次谐波在三角形联结的绕组内形成环流，而星形联结的绕组内不可能产生 3 次及 3 的整数倍次的谐波电流，因此采用 Yd 或 Dy 联结的三相整流电力变压器，能使注入电网的谐波电流中消除 3 次及 3 的整数倍次的谐波电流。又由于通常电力系统中的非正弦交流电压或电流的正、负两半波对时间轴是对称的，不含直流分量和偶次谐波分量，因此采用 Yd 或 Dy 联结的三相整流电力变压器后，注入电网的谐波电流只有 5,7,11,… 等次谐波。这是抑制高次谐波最基本的方法。

（2）增加整流电力变压器二次侧的相数。整流电力变压器二次侧的相数越多，整流波形的脉波数越多，其次数低的谐波被消除的也越多。例如，当整流相数为 6 相时，出现的 5 次谐波电流为基波电流的 18.5%，7 次谐波电流为基波电流的 12%。若整流相数增加到 12 相时，则出现的 5 次谐波电流降为基波电流的 4.5%，7 次谐波电流降为基波电流的 3%，都差不多减少了 75%。由此可见，增加整流相数对高次谐波抑制的效果相当显著。

（3）使各台整流电力变压器二次侧互有相角差。当多台相数相同的整流装置并列运行时，整流电力变压器的二次侧互有适当的相角差，这与增加二次侧的相数效果相类似，也能大大减少注入电网的高次谐波。

（4）装设分流滤波器。在大容量静止"谐波源"（如大型晶闸管整流器）与电网连接处，装设图 1-18 所示的分流滤波器，使滤波器的各组 R-L-C 回路分别对需要消除的 5,7,11,… 等次谐波进行调谐，使之发生串联谐振。由于串联谐振回路的阻抗极小，因此这些次数的谐波电流被它分流吸收而不致注入公用电网中去。

（5）选用 Dyn11 联结组别的三相电力变压器。由于 Dyn11 联结组别的电力变压器高压绕组为三角形联结，使 3 次及 3 的整数倍次的高次谐波在绕组内形成环流而不致注入高压电网中去，从而抑制了高次谐波。

（6）其他抑制谐波的措施。例如，限制电力系统中接入的变流设备和交流调压装置的容量，提高对大容量非线性设备的供电电压，或将"谐波源"与不能受干扰的负荷电路从电网的接线上分开，都能有助于谐波的抑制或消除。

图 1-18　装设分流滤波器吸收高次谐波

1.3.6　三相不平衡及其改善

1．三相不平衡的产生及其危害

在三相供电系统中，若三相的电压或电流幅值或有效值不等，或者三相的电压或电流相位差不为 120° 时，则称此三相电压或电流不平衡。

三相供电系统在正常运行的情况下出现三相不平衡的主要原因是三相负荷不平衡。

不平衡的三相电压或电流，按对称分量法，可分解为正序分量、负序分量和零序分量。由于负序分量的存在，就使三相系统中的三相感应电动机在产生正向转矩的同时，还产生一个反向转矩，从而降低了电动机的输出转矩，并使电动机绕组电流增大，温升增高，缩短了电动机的使用寿命。对三相电力变压器来说，由于三相电流不平衡，当最大相电流达到电力变压器额定电流时，其他两相却低于额定值，从而使电力变压器容量不能得到充分利用。对多相整流装置来说，三相电压不对称，将严重影响多相触发脉冲的对称性，使整流装置产生较大的谐波，进一步影响电能质量。

2．电压不平衡度及其允许值

电压不平衡度，用电压负序分量的均方根值 U_2 与电压正序分量的均方根值 U_1 的百分比值来表示，即

$$\varepsilon_U \% = \frac{U_2}{U_1} \times 100\% \qquad (1\text{-}3)$$

GB/T 15543—2008《电能质量　三相电压允许不平衡度》规定：

（1）电力系统公共连接点正常电压不平衡度允许值为 2%，短时不超过 4%；

（2）接于公共连接点的每个用户电压不平衡度一般不得超过 1.3%。

3．改善三相不平衡的措施

（1）使三相负荷均衡分配。在供配电设计和安装中，应尽量使三相负荷均衡分配。三相系统中各相装设的单相用电设备容量之差应不超过 15%。

（2）使不平衡负荷分散连接。尽可能将不平衡负荷接到不同的供电点，以减少其集中连接造成电压不平衡度可能超过允许值的问题。

（3）将不平衡负荷接入更高电压的电网。由于更高电压的电网具有更大的短路容量，因此接入不平衡负荷时对电压不平衡度的影响可大大减小。例如，电网短路容量大于负荷容量的

50 倍时，就能保证连接点的电压不平衡度小于 2%。

（4）采用三相平衡化装置。三相平衡化装置包括具有分相补偿功能的静止型无功补偿装置（SVC）和静止无功电源（Static Var Generator，SVG）。SVG 基本上不用储能元件，而是充分利用三相交流电的特点，使能量在三相之间及时转移来实现补偿。与 SVC 相比，SVG 可大大减小平衡化装置的体积和减少材料消耗，而且响应速度快，调节性能好，它综合了无功补偿、谐波抑制和改善三相不平衡的优点，是值得推广的一种先进产品。

1.3.7 工厂供配电电压的选择

1. 工厂供电电压的选择

工厂供电的电压，主要取决于当地电网的供电电压等级，同时也要考虑工厂用电设备的电压、容量和供电距离等因素。由于在同一输送功率和输送距离条件下，供电电压越高，线路电流越小，从而使线路导线或电缆截面越小，可减少线路的投资和有色金属的消耗量。各级电力线路电压合理的输送功率和输送距离，如表 1-3 所示。

表 1-3 各级电力线路电压合理的输送功率和输送距离

电力线路电压/kV	线路结构	输送功率/kW	输送距离/km
0.38	架空线	≤100	≤0.25
0.38	电缆	≤175	≤0.35
6	架空线	≤1000	≤10
6	电缆	≤3000	≤8
10	架空线	≤2000	6～20
10	电缆	≤5000	≤10
35	架空线	2000～10000	20～50
66	架空线	3500～30000	30～100
110	架空线	10000～50000	50～150
220	架空线	100000～500000	200～300

《供电营业规则》规定：供电企业（指供电电电网）供电的额定电压，低压有单相 220V，三相 380V；高压有 10,35(66),110,220kV。并规定：除发电厂直配电压可采用 3kV 或 6kV 外，其他等级的电压应逐步过渡到上述额定电压。如果用户需要的电压等级不在上述范围，应自行采用变压措施解决。用户需要的电压等级在 110kV 及以上时，其受电装置应作为终端变电所设计，其方案需经省电网经营企业审批。

2. 工厂高压配电电压的选择

工厂供电系统的高压配电电压，主要取决于工厂高压用电设备的电压、容量和数量等因素。

工厂采用的高压配电电压通常为 10kV。若工厂拥有相当数量的 6kV 用电设备，或者供电电源电压就是从邻近发电厂取得的 6.3kV 直配电压，则可考虑采用 6kV 作为工厂的高压配电电压。若不符合上述情况，或 6kV 用电设备不多时，则应仍用 10kV 作高压配电电压，而少数 6kV 用电设备则通过专用的 10/6.3kV 电力变压器单独供电。3kV 不能作为高压配电电压，若工厂有 3kV 用电设备，则应通过 10/3.15kV 电力变压器单独供电。

若当地电网供电电压为35kV，而厂区环境条件又允许采用35kV架空线路和较经济的35kV电气设备时，则可考虑采用35kV作为高压配电电压深入工厂各车间负荷中心，并经车间变电所直接降为低压用电设备所需的电压。这种高压深入负荷中心的直配方式，可以省去一级中间变压，大大简化供电系统接线，节约投资和有色金属，降低电能损耗和电压损耗，提高供电质量，因此有一定的推广价值。但厂区必须要有满足35kV架空线路深入各车间负荷中心的"安全走廊"，以确保安全。

3．工厂低压配电电压的选择

工厂的低压配电电压，一般采用220/380V，其中线电压380V接三相动力设备及额定电压为380V的单相用电设备，相电压220V接额定电压为220V的照明灯具和其他单相用电设备。但某些场合宜采用660V或1140V作为低压配电电压，例如，在矿井下，其负荷中心往往离变电所较远，因此为保证负荷端的电压水平应采用660V甚至1140V电压配电。采用660V或1140V配电，较采用380V配电，不但可以减少线路的电压损耗，提高负荷端的电压水平，而且能减少线路的电能损耗，降低线路的投资和有色金属的消耗量，增加供电半径，提高供电能力，减少变压点，简化配电系统。因此提高低压配电电压有明显的经济效益，是节电的有效措施之一，这在世界各国已成为发展趋势。但是将380V升高为660V，需电器制造部门乃至其他有关部门全面配合，我国目前尚难实现。目前660V电压只限于在采矿、石油和化工等少数企业中采用，1140V电压只限于井下采用。至于220V电压，现已不作为三相配电电压，只作为单相配电电压和单相用电设备的额定电压。

1.4 电力系统的中性点运行方式及低压配电系统的接地型式

1.4.1 电力系统的中性点运行方式

在三相交流电力系统中，作为供电电源的发电机和电力变压器的中性点有三种运行方式：①中性点不接地；②中性点经阻抗接地；③中性点直接接地。前两种合称为小接地电流系统，又称为中性点非有效接地系统或中性点非直接接地系统。后一种中性点直接接地系统，称为大接地电流系统，又称为中性点有效接地系统。

我国3～66kV的电力系统，特别是3～10kV的电力系统，一般采用中性点不接地的运行方式。若单相接地电流大于一定值时（3～10kV系统中单相接地电流大于30A，20kV及以上系统中单相接地电流大于10A时），则应采用中性点经消弧线圈接地的运行方式或经低电阻接地的运行方式。我国110kV及以上的电力系统，都采用中性点直接接地的运行方式。

电力系统中性点的不同运行方式，对电力系统的运行，特别是在系统发生单相接地故障时，有明显的影响，而且将影响系统二次侧的继电保护和监测仪表的选择与运行，因此有必要予以研究。

1．中性点不接地的电力系统

图1-19是在正常运行时中性点不接地的电力系统的电路图和相量图。为了简化问题，假设图1-19（a）所示三相系统的电源电压和线路参数 R、L、C 都是对称的，而且将相线与大地之间存在的分布电容用一个集中电容来表示，而相线之间存在的电容因对讨论的问题没有影响而予以略去。

系统正常运行时，三个相的相电压 $\dot{U}_A$、$\dot{U}_B$、$\dot{U}_C$ 是对称的，三个相的对地电容电流 $\dot{I}_{C0}$ 也是平衡的，如图 1-19（b）所示。因此三个相的电容电流的相量和为零，地中没有电流流过。各相的对地电压，就是各相的相电压。

（a）电路图   （b）相量图

图 1-19   正常运行时的中性点不接地的电力系统

图 1-20 为单相接地时中性点不接地的电力系统的电路图和相量图。当系统发生单相接地故障时，假设 C 相接地，如图 1-20（a）所示，这时 C 相对地电压为零，而 A 相对地电压 $\dot{U}'_A = \dot{U}_A + (-\dot{U}_C) = \dot{U}_{AC}$，B 相对地电压 $\dot{U}'_C = \dot{U}_B + (-\dot{U}_C) = \dot{U}_{BC}$。由图 1-20（b）的相量图可知，C 相接地时，完好的 A、B 两相对地电压都由原来的相电压升高到线电压，即升高为原对地电压的 $\sqrt{3}$ 倍。

（a）电路图   （b）相量图

图 1-20   单相接地时的中性点不接地的电力系统

当 C 相接地时，系统的接地电流（电容电流）$\dot{I}_C$ 应为 A、B 两相对地电容电流之和，即

$$\dot{I}_C = -(\dot{I}_{CA} + \dot{I}_{CB}) \tag{1-4}$$

由图 1-20（b）所示的相量图可知，$\dot{I}_C$ 在相位上超前 $\dot{U}_C$ 90°；而在量值上，由于 $I_C = \sqrt{3}I_{CA}$，而 $I_{CA} = U'_A/X_C = \sqrt{3}U_A/X_C = \sqrt{3}I_{C0}$，因此

$$I_C = 3I_{C0} \tag{1-5}$$

即单相接地电容电流为系统正常运行时相线对地电容电流的 3 倍。

由于线路对地的电容 C 不好准确计算，因此 I_{C0} 和 I_C 也不容易根据 C 值来精确地确定。

中性点不接地电力系统中的单相接地电容电流通常采用下列经验公式计算：

$$I_C = \frac{U_N(l_{oh} + 35l_{cab})}{350} \tag{1-6}$$

式中，I_C 为系统的单相接地电容电流（单位为 A）；U_N 为系统额定电压（单位为 kV）；l_{oh} 为同一电压 U_N 的具有电气联系的架空线路（Over-Head Line）总长度（单位为 km）；l_{cab} 为同一电压 U_N 的具有电气联系的电缆线路（Cable Line）总长度（单位为 km）。

必须指出：当中性点不接地的电力系统中发生单相接地时，三相用电设备的工作并未受到影响，因为线路的线电压的相位和量值均未发生变化，这从图 1-20（b）的相量图可以看出，因此该系统中的三相用电设备仍能照常运行。但是这种存在单相接地故障的系统不允许长期运行，以免再有一相发生接地故障时，形成两相接地短路，使故障扩大。因此在中性点不接地的电力系统中，应装设专门的单相接地保护（参看第 6.5 节）或绝缘监视装置。当系统发生单相接地故障时，发出报警信号，提醒供电值班人员注意并及时处理；当危及人身和设备安全时，则单相接地保护应动作于跳闸，切除故障线路。

2．中性点经消弧线圈接地的电力系统

上述中性点不接地的电力系统有一种故障情况比较危险，即在发生单相接地故障时，如果接地电流较大，将在接地故障点出现断续电弧。由于电力线路既有电阻、电感，又有电容，因此在发生单相弧光接地时，可形成一个 R-L-C 的串联谐振电路，从而使线路上出现危险的过电压（可达相电压的 2.5～3 倍），这可能导致线路上绝缘薄弱地点被击穿。为了防止单相接地时接地点出现断续电弧并引起谐振过电压，在单相接地电容电流大于一定值时，电力系统中性点必须采取经消弧线圈接地的运行方式。

图 1-21 是单相接地时中性点经消弧线圈接地的电力系统的电路图和相量图。消弧线圈实际上就是一个可调的铁芯电感线圈，其电阻很小，感抗很大。

（a）电路图　　　　　　　　　　（b）相量图

图 1-21　单相接地时中性点经消弧线圈接地的电力系统

当系统单相接地时，通过接地点的电流为接地电容电流 $\dot{I}_C$ 与通过消弧线圈 L 的电感电流 $\dot{I}_L$ 之和。由于 $\dot{I}_C$ 超前 $\dot{U}_C$ 90°，而 $\dot{I}_L$ 滞后 $\dot{U}_C$ 90°，因此 $\dot{I}_L$ 与 $\dot{I}_C$ 在接地点相互补偿。当 $\dot{I}_L$ 与 $\dot{I}_C$ 的量值差小于发生电弧的最小电流（称为最小生弧电流）时，电弧就不会产生，也就不会出现谐振过电压。

在中性点经消弧线圈接地的三相系统中，与中性点不接地的电力系统一样，在系统发生单相接地故障时允许短时间（一般规定为 2h）继续运行，但应有保护装置在接地故障时及时

发出报警信号。运行值班人员应抓紧时间积极查找故障，予以消除；在暂时无法消除故障时，应设法将重要负荷转移到自备电源的线路上去。如发生单相接地危及人身和设备安全时，则单相接地保护应动作于跳闸，切除故障线路。中性点经消弧线圈接地的电力系统，在单相接地时，其他两相对地电压也要升高到线电压，即升高为原对地电压的 $\sqrt{3}$ 倍。

3. 中性点直接接地或经低电阻接地的电力系统

图 1-22 是单相接地时中性点直接接地的电力系统的电路图。这种系统单相接地，即通过接地中性点形成单相短路。单相短路电流 $I_k^{(1)}$ 比线路的正常负荷电流大得多，因此，在系统发生单相短路时保护装置应动作于跳闸，切除短路故障，使系统的其他部分恢复正常运行。

图 1-22　单相接地时中性点直接接地的电力
系统的电路图

中性点直接接地的电力系统单相接地时，其他两个完好相的对地电压不会升高，这与上述中性点非直接接地的电力系统不同。因此，中性点直接接地的电力系统中的供用电设备绝缘只需按相电压考虑，而无须按线电压考虑。这对 110kV 及以上的超高压系统是很有经济价值的。因为高压电器（特别是超高压电器）的绝缘问题是影响电器设计和制造的关键问题。电器绝缘要求的降低，不仅降低了电器的造价，而且改善了电器的性能。因此我国 110kV 及以上超高压系统的中性点通常都采取直接接地的运行方式。在低压配电系统中，我国广泛应用的 TN 系统及国外应用较广泛的 TT 系统，均为中性点直接接地的电力系统。TN 系统和 TT 系统在发生单相接地故障时，一般能使保护装置迅速动作，切除故障部分，比较安全。若再加装漏电保护器，则人身安全更有保障。

在现代化城市电网中，由于广泛采用电缆取代架空线路，而电缆线路的单相接地电容电流远比架空线路的大［由式（1-6）可以看出］，因此采取中性点经消弧线圈接地的方式往往也无法完全消除接地故障点的电弧，从而无法抑制由此引起的危险的谐振过电压。因此我国有的城市（如北京市）的 10kV 城市电网中性点采取经低电阻接地的运行方式。它接近于中性点直接接地的运行方式，必须装设动作于跳闸的单相接地保护。在系统发生单相接地故障时，迅速切除故障线路，同时系统的自备电源投入装置并动作，恢复对重要负荷的供电。由于这类城市电网，通常都采用环网供电方式，而且保护装置完善，因此供电可靠性是相当高的。

1.4.2　低压配电系统的接地型式

我国 220/380V 的低压配电系统，广泛采用中性点直接接地的运行方式，而且引出有中性线（Neutral Wire，代号 N）、保护线（Protective Wire，代号 PE）或保护中性线（PEN Wire，代号 PEN）。

中性线（N 线）的功能：一是用来接额定电压为系统相电压的单相用电设备；二是用来传导三相系统中的不平衡电流和单相电流；三是用来减小负荷中性点的电位偏移。

保护线（PE 线）的功能：它是用来保障人身安全、防止发生触电事故的接地线。系统中所有设备的外露可导电部分（指正常不带电压但故障时可能带电压的易被触及的导电部分，如设备的金属外壳、金属构架等）通过保护线接地，可在设备发生接地故障时减少触电危险。

保护中性线（PEN 线）的功能：它兼有中性线和保护线的功能。这种保护中性线在我国通常称为"零线"，俗称"地线"。

低压配电系统的接地型式，分为 TN 系统、TT 系统和 IT 系统。

1. TN 系统

TN 系统的中性点直接接地，所有设备的外露可导电部分均接公共的 PE 线或公共的 PEN 线。这种接公共 PE 线或 PEN 线的方式，通常称为"接零"。TN 系统又分为 TN-C 系统、TN-S 系统和 TN-C-S 系统，如图 1-23 所示。

（a）TN-C系统   （b）TN-S系统

（c）TN-C-S系统

图 1-23　低压配电的 TN 系统

（1）TN-C 系统中的 N 线与 PE 线全部合并为一根 PEN 线。PEN 线中有电流通过，因此其接 PEN 线的设备相互之间会产生电磁干扰。如果 PEN 线断线，还可使断线后边接 PEN 线的设备外露可导电部分带电而造成人身触电危险。由于 PE 线与 N 线合为一根 PEN 线，因而该系统节约了有色金属和投资，较为经济。该系统在发生单相接地故障时，线路的保护装置应动作于跳闸，切除故障线路。TN-C 系统在我国低压配电系统中应用最为普遍，但不适用于对人身安全和抗电磁干扰要求高的场所。

（2）TN-S 系统中的 N 线与 PE 线全部分开，设备的外露可导电部分均接 PE 线。由于 PE 线中没有电流通过，因此设备之间不会产生电磁干扰。在 PE 线断线时，正常情况下，也不会使断线后边接 PE 线的设备外露可导电部分带电；但在断线后边有设备发生一相接壳故障时，将使断线后边其他所有接 PE 线的设备外露可导电部分带电，而造成人身触电危险。该系统在发生单相接地故障时，线路的保护装置应动作于跳闸，切除故障线路。该系统在有色金属消耗量和投资方面较 TN-C 系统有所增加。TN-S 系统现在广泛用于对安全要求较高的场所，如浴室和居民住宅等处，以及对抗电磁干扰要求高的数据处理和精密检测等实验场所。

（3）TN-C-S 系统的前一部分全部为 TN-C 系统，而后边有一部分为 TN-C 系统，有一部分则为 TN-S 系统，其中设备的外露可导电部分接 PEN 线或 PE 线。该系统综合了 TN-C 系统和 TN-S 系统的特点，因此比较灵活，对安全要求和对抗电磁干扰要求高的场所采用 TN-S 系统，而其他一般场所则采用 TN-C 系统。

2. TT 系统

TT 系统的中性点直接接地，而其中设备的外露可导电部分均各自经 PE 线单独接地，如图 1-24 所示。

图 1-24　低压配电的 TT 系统

由于 TT 系统中各设备的外露可导电部分的接地 PE 线彼此是分开的，互无电气联系，因此相互之间不会发生电磁干扰问题。该系统若发生单相接地故障，则形成单相短路，线路的保护装置应动作于跳闸，切除故障线路。但是该系统出现绝缘不良而引起漏电时，由于漏电电流较小可能不足以使线路的过电流保护动作，因此会使漏电设备的外露可导电部分长期带电，增加了触电的危险。因此该系统必须装设灵敏度较高的漏电保护装置，以确保人身安全。该系统适用于对安全要求及对抗干扰要求较高的场所。这种配电系统在国外应用较为普遍，现在我国也开始推广和应用。GB 50096—2011《住宅设计规范》就规定，住宅供电系统应采用 TT、TN-C-S 或 TN-S 接地型式。

3. IT 系统

IT 系统的中性点不接地或经高阻抗（约 1000Ω）接地。该系统没有 N 线，因此不适用于接额定电压为系统相电压的单相设备，只能接额定电压为系统线电压的单相设备和三相设备。该系统中所有设备的外露可导电部分均经各自的 PE 线单独接地，如图 1-25 所示。

由于 IT 系统中设备外露可导电部分的接地 PE 线也是彼此分开的，互无电气联系，因此相互之间也不会发生电磁干扰问题。

图 1-25　低压配电的 IT 系统

由于 IT 系统中性点不接地或经高阻抗接地，因此当系统发生单相接地故障时，三相设备及接线电压的单相设备仍能照常运行。但是在发生单相接地故障时，应发出报警信号，以便供电值班人员及时处理，消除故障。

IT 系统主要用于对连续供电要求较高及有易燃、易爆危险的场所，特别是矿山、井下等场所。

本章小结

本章讲述了工厂供电和工厂配电的概念，与供电系统有关的一些基础知识，包括供电的意义和基本要求，简单介绍了水力、火力、核能、风力、地热和太阳能等多种发电形式，电力系统的电压质量与电能质量，以及高低压的划分和设备额定电压的计算。同时介绍了电力系统的中性点运行方式及低压配电系统的接地型式。

复习思考题

1-1 工厂供电对工业生产有何重要作用？工厂供电工作有哪些基本要求？

1-2 工厂供电系统包括什么？变电所和配电所的任务有什么不同？什么情况下可采用高压深入负荷中心的直配方式？

1-3 水电站、火电厂和核电站各利用什么能源？风力发电、地热发电和太阳能发电各有何特点？

1-4 什么叫电力系统、电网和动力系统？建立大型电力系统（联合电网）有哪些好处？

1-5 我国规定的"工频"是多少？其频率偏差有何要求？

1-6 衡量电能质量的两个基本参数是什么？电压质量包括哪些方面的要求？

1-7 为什么规定用电设备的额定电压等于电网（线路）额定电压？为什么现在同一 10kV 电网的高压开关，额定电压有 10kV 和 12kV 两种规格？

1-8 为什么规定发电机的额定电压要高于同级电网额定电压的 5%？

1-9 为什么规定电力变压器的额定一次电压，有的要高于相应电网额定电压的 5%，有的又可等于相应的电网额定电压？而为什么规定其额定二次电压，有的要高于相应电网额定电压的 10%，有的又可只高于相应电网额定电压的 5%？

1-10 电网电压的高低如何划分？什么叫低压和高压？什么是中压、高压、超高压和特高压？

1-11 什么叫电压偏差？电压偏差对感应电动机和照明光源各有哪些影响？有哪些调压措施？

1-12 什么叫电压波动？电压波动对交流电动机和照明光源各有哪些影响？有哪些抑制措施？

1-13 电力系统中的高次谐波是如何产生的？有什么危害？有哪些抑制措施？

1-14 电压不平衡度如何表示？如何改善三相不平衡的状况？

1-15 工厂供电系统的供电电压如何选择？工厂的高压配电电压和低压配电电压应如何选择？

1-16 三相交流电力系统的中性点有哪些运行方式？中性点非直接接地系统与中性点直接接地系统在发生单相接地故障时各有什么特点？

1-17 低压配电系统中的中性线（N 线）、保护线（PE 线）和保护中性线（PEN 线）各有哪些功能？

1-18 什么叫作 TN-C 系统、TN-S 系统、TN-C-S 系统、TT 系统和 IT 系统？各有哪些特点？各适用于哪些场合？

习题

1-1　试确定图 1-26 所示供电系统中电力变压器 T_1 和线路 WL_1、WL_2 的额定电压。

图 1-26　习题 1-1 的供电系统

1-2　某厂有若干车间变电所，互有低压联络线相连。其中有一车间变电所，装有一台无载调压型电力变压器，高压绕组有+5%U_N、U_N、-5%U_N 三个电压分接头。现将无载开关调在主分接头 U_N 的位置运行。但白天生产时，变电所低压母线电压只有 360V，而晚上不生产时，低压母线电压又高达 410V。问该变电所低压母线的昼夜电压偏差范围（%）为多少？宜采取哪些改善措施？

1-3　某 10kV 电网，其架空线路总长度为 70km，电缆线路总长度为 15km。试求此中性点不接地的电力系统发生单相接地故障时的接地电容电流，并判断该系统的中性点是否需要改为经消弧线圈接地。

第2章 工厂电力负荷及其计算

>> 学习目标与重点

♦ 了解工厂电力负荷的概念和分级。
♦ 掌握需要系数法确定用电设备组的计算负荷。
♦ 掌握二项式法确定用电设备组的计算负荷。
♦ 掌握功率补偿的方法和尖峰电流的计算。

>> 关键术语

工厂电力负荷；用电设备组；需要系数法；二项式法；功率补偿；尖峰电流

2.1 工厂电力负荷与负荷曲线

2.1.1 工厂电力负荷的分级及其对供电电源的要求

电力负荷又称电力负载，有两种含义：一种是指耗用电能的用电设备或用户，如重要负荷、一般负荷、动力负荷和照明负荷等；另一种是指用电设备或用户耗用的功率或电流大小，如轻负荷（轻载）、重负荷（重载）、空负荷（空载）和满负荷（满载）等。电力负荷的具体含义视具体情况而定。

1. 工厂电力负荷的分级

按 GB 50052—2009《供配电系统设计规范》规定，工厂电力负荷，根据工厂对供电可靠性的要求及中断供电造成的损失或影响的程度分为以下三级。

1）一级负荷

一级负荷为中断供电将造成人身伤亡者，或者中断供电将在政治、经济上造成重大损失者，如重大设备损坏，重大产品报废，用重要原料生产的产品大量报废，国民经济中重点企业的连续生产过程被打乱需要长时间才能恢复等。

在一级负荷中，当中断供电将发生中毒、爆炸和火灾等情况的负荷，以及在特别重要场所中不允许中断供电的负荷，应视为特别重要的负荷。

2）二级负荷

二级负荷为中断供电将在政治、经济上造成较大损失者，如主要设备损坏，大量产品报废，连续生产过程被打乱需较长时间才能恢复，重点企业大量减产等。

3）三级负荷

三级负荷为一般电力负荷，所有不属于上述一、二级负荷者均属于三级负荷。

2. 各级电力负荷对供电电源的要求

1）一级负荷对供电电源的要求

由于一级负荷属于重要负荷，如果中断供电，造成的后果将十分严重，因此要求由两路电源供电，当其中一路电源发生故障时，另一路电源不致同时受到损坏。

一级负荷中特别重要的负荷，除上述两路电源外，还必须增设应急电源。为保证对特别重要的负荷供电，严禁将其他负荷接入应急供电系统。

常用的应急电源有：①独立于正常电源的发电机组；②供电网络中独立于正常电源的专门供电线路；③蓄电池；④干电池。

2）二级负荷对供电电源的要求

二级负荷也属于重要负荷，要求由两回路供电，供电的电力变压器也应有两台，但这两台电力变压器不一定在同一变电所。在其中一回路或一台电力变压器发生常见故障时，二级负荷应不致中断供电，或中断后能迅速恢复供电。只有当负荷较小或者当地供电条件困难时，二级负荷可由一回路 6kV 及以上的专用架空线路供电。这是考虑架空线路发生故障时，较电缆线路发生故障时易于发现且易于检查和修复。当采用电缆线路时，必须采用两根电缆并列供电，每根电缆应能承受全部二级负荷。

3）三级负荷对供电电源的要求

由于三级负荷为不重要的一般负荷，因此它对供电电源无特殊要求。

2.1.2 工厂用电设备的工作制

工厂的用电设备，按其工作制分为以下三类。

1）连续工作制设备

这类工作制设备在恒定负荷下运行，且运行时间长到足以使之达到热平衡状态，如通风机、水泵、空气压缩机、电动发电机组、电炉和照明灯等。机床电动机的负荷，一般变动较大，但其主电动机一般也是连续运行的。

2）短时工作制设备

这类工作制设备在恒定负荷下运行的时间短（短于达到热平衡所需的时间），而停歇时间长（长到足以使设备温度冷却到周围介质的温度），如机床上的某些辅助电动机（如进给电动机）、控制闸门的电动机等。

3）断续周期工作制设备

这类工作制设备周期性地时而工作，时而停歇，如此反复运行，而工作周期一般不超过 10min，无论工作或停歇，均不足以使设备达到热平衡，如电焊机和吊车电动机等。

断续周期工作制设备，可用负荷持续率（又称暂载率）来表示其工作特征。负荷持续率为一个工作周期内工作时间与工作周期的百分比值，用 ε 表示，即

$$\varepsilon = \frac{t}{T} \times 100\% = \frac{t}{t + t_0} \times 100\% \qquad (2\text{-}1)$$

式中，T 为工作周期；t 为工作周期内的工作时间；t_0 为工作周期内的停歇时间。

断续周期工作制设备的额定容量（铭牌容量）P_N，是对应于某一标称负荷持续率 ε_N 的。若实际运行的负荷持续率 $\varepsilon \neq \varepsilon_N$，则实际容量 P_e 应按同一周期内等效发热条件进行换算。由于电流 I 通过电阻为 R 的设备，在时间 t 内产生的热量为 I^2Rt，因此在设备产生相同热量的条件下，$I \propto 1/\sqrt{t}$；而在同一电压下，设备容量 $P \propto I$；又由式（2-1）知，同一周期的负荷持续率 $\varepsilon \propto t$。因此 $P \propto 1/\sqrt{\varepsilon}$，即设备容量与负荷持续率的平方根值成反比。由此可见，若设备在 ε_N 下的容量为 P_N，则换算到实际 ε 下的容量 P_e 为

$$P_e = P_N \sqrt{\frac{\varepsilon_N}{\varepsilon}} \qquad\qquad (2\text{-}2)$$

2.1.3　负荷曲线及有关物理量

1. 负荷曲线的概念

负荷曲线是表征电力负荷随时间变动情况的一种图形，它绘在直角坐标上。纵坐标表示负荷（有功功率或无功功率），横坐标表示对应的时间（一般以 h 为单位）。

负荷曲线按负荷对象分，有工厂的、车间的或某类设备的负荷曲线。按负荷性质分，有有功负荷曲线和无功负荷曲线。按所表示的负荷变动时间分，有年、月、日或工作班的负荷曲线。

图 2-1 是一班制工厂的日有功负荷曲线，其中图 2-1（a）是依点连成的负荷曲线，图 2-1（b）是依点绘成梯形的负荷曲线。为便于计算，负荷曲线多绘成梯形，横坐标一般按半小时分格，以便确定"半小时最大负荷"（将在后面介绍）。

（a）依点连成的负荷曲线　　　　　（b）依点绘成梯形的负荷曲线

图 2-1　日有功负荷曲线

图 2-2 为年负荷持续时间曲线。年负荷曲线，通常绘成年负荷持续时间曲线，按负荷大小依次排列，如图 2-2（c）所示。全年按 8760h 计。

（a）夏日负荷曲线　　　　　　（b）冬日负荷曲线　　　　　　（c）年负荷持续时间曲线

图 2-2　年负荷持续时间曲线

上述年负荷曲线，根据其一年中具有代表性的夏日负荷曲线［见图 2-2（a）］和冬日负荷曲线［见图 2-2（b）］来绘制。其夏日和冬日在全年中所占的天数，应视当地的地理位置和气温情况而定。例如，在我国北方，可近似地取夏日 165 天，冬日 200 天；而在我国南方，则可近似地取夏日 200 天，冬日 165 天。假设绘制南方某厂的年负荷持续时间曲线［见图 2-2（c）］，其中 P_1 在年负荷曲线上所占的时间 $T_1 = 200(t_1 + t_1')$，P_2 在年负荷持续时间曲线上所占的时间 $T_2 = 200t_2 + 165t_2'$，其余以此类推。

图 2-3　年每日最大负荷曲线

年负荷曲线的另一形式,是按全年每日的最大负荷(通常取每日的最大负荷半小时平均值)绘制的,称为年每日最大负荷曲线,如图 2-3 所示。横坐标依次以全年十二个月份的日期来分格。这种年每日最大负荷曲线,可以用来确定拥有多台电力变压器的工厂变电所,在一年内的不同时期宜于投入几台运行,即所谓的经济运行方式,以降低电能损耗,提高供电系统的经济效益。

从各种负荷曲线上,可以直观地了解电力负荷变动的情况。通过对负荷曲线的分析,可以更深入地掌握负荷变动的规律,并可以从中获得一些对设计和运行有用的资料。因此掌握负荷曲线对于从事工厂供电设计和运行的人员来说,是很有必要的。

2. 与负荷曲线和负荷计算有关的物理量

1)年最大负荷和年最大负荷利用小时

(1)年最大负荷。年最大负荷 P_{max} 就是全年中负荷最大的工作班内(这一工作班的最大负荷不是偶然出现的,而是全年至少出现 2～3 次)消耗电能最大的半小时平均功率。因此年最大负荷也称为半小时最大负荷 P_{30}。

(2)年最大负荷利用小时。年最大负荷利用小时 T_{max} 是一个假想时间,在此时间内,电力负荷的年最大负荷 P_{max}(或 P_{30})持续运行所消耗的电能,恰好等于该电力负荷全年实际消耗的电能,如图 2-4 所示。

年最大负荷利用小时表示为

$$T_{max} = \frac{W_a}{P_{max}} \qquad (2-3)$$

式中,W_a 为年实际消耗的电能。

图 2-4　年最大负荷和年最大负荷利用小时

年最大负荷利用小时是反映电力负荷特征的一个重要参数,与工厂的生产班制有明显的关系。例如,一班制工厂,$T_{max} \approx 1800～3000h$;两班制工厂,$T_{max} \approx 3500～4800h$;三班制工厂,$T_{max} \approx 5000～7000h$。

2)平均负荷和负荷系数

(1)平均负荷。平均负荷就是电力负荷在一定时间 t 内平均消耗的功率,也就是电力负荷在该时间 t 内消耗的电能 W_t 除以时间 t 的值,即

$$P_a = \frac{W_t}{t} \qquad (2-4)$$

年平均负荷 P_{av} 的说明如图 2-5 所示。年平均负荷 P_{av} 的横线与纵横两坐标轴所包的矩形面积恰好等于年负荷曲线与两坐标轴所包围的面积 W_a,即年平均负荷 P_{av} 为

$$P_{av} = \frac{W_a}{8760} \qquad (2-5)$$

图 2-5　年平均负荷

(2)负荷系数。负荷系数又称负荷率,它是用电负荷的年平均负荷 P_{av} 与年最大负荷 P_{max} 的比值,即

$$K_L = \frac{P_{av}}{P_{max}} \qquad\qquad (2\text{-}6)$$

对负荷曲线来说，负荷系数又称负荷曲线填充系数，它表征负荷曲线不平坦的程度，即表征负荷起伏变动的程度。若要充分发挥供电设备的能力，提高供电效率，则此系数越高或越接近于 1 越好。若要发挥整个电力系统的效能，应尽量使不平坦的负荷曲线"削峰填谷"，提高负荷系数。

对用电设备来说，负荷系数就是设备的输出功率 P 与设备额定容量 P_N 的比值，即

$$K_L = \frac{P}{P_N} \qquad\qquad (2\text{-}7)$$

负荷系数通常以百分值表示。负荷系数（负荷率）的符号有时用有功负荷率 α，有时用无功负荷率 β 表示。

2.2　三相用电设备组计算负荷的确定

2.2.1　概述

若要供电系统安全可靠地正常运行，其中各个元件（包括电力变压器、开关设备及导线电缆等）都必须选择得当，除了应满足工作电压和频率的要求，最重要的就是要满足负荷电流的要求。因此有必要对供电系统中各个环节的电力负荷进行统计计算。

通过负荷的统计计算求出的，按发热条件选择的供电系统中各元件的负荷值，称为计算负荷（Calculated Load）。根据计算负荷选择的电气设备和导线电缆，如果以计算负荷连续运行，其发热温度不会超过允许值。

由于导体通过电流达到稳定温升的时间大约需 $(3\sim4)\tau$，τ 为发热时间常数。截面在 16mm^2 及以上的导体，其 $\tau \geqslant 10$min，因此载流导体大约经 30min（半小时）后可达到稳定温升值。由此可见，计算负荷实际上与从负荷曲线上查得的半小时最大负荷 P_{30}（年最大负荷 P_{max}）是基本相当的。所以，计算负荷也可以认为就是半小时最大负荷。本来有功计算负荷可表示为 P_c，无功计算负荷可表示为 Q_c，计算电流可表示为 I_c，但考虑到"计算"的符号 c 容易与"电容"的符号 C 相混淆，因此大多数供电书籍都借用半小时最大负荷 P_{30} 来表示有功计算负荷，无功计算负荷、视在计算负荷和计算电流则分别表示为 Q_{30}、S_{30} 和 I_{30}。这样表示，也使计算负荷的概念更加明确。

计算负荷是供电设计计算的基本依据。计算负荷确定得是否正确合理，直接影响电器和导线电缆的选择是否经济合理。如果计算负荷确定得过大，将使电器和导线电缆选得过大，造成投资和有色金属的浪费。如果计算负荷确定得过小，又会使电器和导线电缆处于过负荷运行，增加电能损耗，产生过热，导致绝缘过早老化，甚至燃烧引起火灾，从而造成更大的损失。由此可见，正确确定计算负荷非常重要。但是，负荷情况复杂，影响计算负荷的因素有很多，虽然各类负荷的变化有一定的规律可循，但仍很难准确地确定计算负荷的大小。实际上，负荷也不是一成不变的，它与设备的性能、生产的组织 、生产者的技能及能源供应的状况等多种因素有关。因此计算负荷也只能力求接近实际。

我国目前普遍采用的确定用电设备组计算负荷的方法，有需要系数法和二项式法。需要系数法是国际上普遍采用的确定计算负荷的基本方法，最为简便。二项式法的应用局限性较大，

但在确定设备台数较少而容量差别较大的分支干线的计算负荷时,采用二项式法较需要系数法更加合理,且计算也比较简便。本书只介绍这两种计算方法。关于以概率论为理论基础而提出的用以取代二项式法的利用系数法,由于其计算比较复杂而未得到普遍应用,因此不再讲述。

2.2.2 采用需要系数法确定计算负荷

1. 基本公式

用电设备组的计算负荷,是指用电设备组从供电系统中取用的半小时最大负荷 P_{30},如图 2-6 所示。用电设备组的设备容量 P_e,是指用电设备组所有设备(不含备用设备)的额定容量 P_N 之和,即 $P_e = \Sigma P_N$。而设备的额定容量 P_N 是设备在额定条件下的最大输出功率(出力)。但是用电设备组的设备实际上不一定都同时运行,运行的设备也不太可能都满负荷,同时设备本身和配电线路还有功率损耗,因此用电设备组的有功计算负荷应为

$$P_{30} = \frac{K_{\Sigma} K_L}{\eta_e \eta_{WL}} P_e \qquad (2\text{-}8)$$

式中, K_{Σ} 为用电设备组的同时系数,即用电设备组在最大负荷时运行的设备容量与全部设备容量之比; K_L 为用电设备组的负荷系数,即用电设备组在最大负荷时输出功率与运行的设备容量之比; η_e 为用电设备组的平均效率,即用电设备组在最大负荷时输出功率与取用功率之比; η_{WL} 为配电线路的平均效率,即配电线路在最大负荷时的末端功率(用电设备组的取用功率)与首端功率(计算负荷)之比。

图 2-6　用电设备组的计算负荷说明

令式(2-8)中的 $K_{\Sigma} K_L / (\eta_e \eta_{WL}) = K_d$,这里的 K_d 称为需要系数(Demand Coefficient)。由式(2-8)可知,需要系数的定义式为

$$K_d = \frac{P_{30}}{P_e} \qquad (2\text{-}9)$$

即用电设备组的需要系数,为用电设备组的半小时最大负荷与其设备容量的比值。

由此可得采用需要系数法确定三相用电设备组有功计算负荷的基本公式为

$$P_{30} = K_d P_e \qquad (2\text{-}10)$$

实际上,需要系数值不仅与用电设备组的工作性质、设备台数、设备效率和线路损耗等因素有关,而且与操作人员的技能和生产组织等多种因素有关,因此应尽可能地通过实测分析确定,使之尽量接近实际。

附录表 1 列出了工厂各种用电设备组的需要系数值,供参考。必须注意:附录表 1 所列的需要系数值是按车间范围内台数较多的情况来确定的。所以需要系数值一般都比较低,例如,金属冷加工机床电动机的需要系数值平均只有 0.2 左右。因此需要系数法比较适用于确定车间

的计算负荷。如果采用需要系数法来计算分支干线上用电设备组的计算负荷，则附录表1中的需要系数值往往偏小，宜适当取大。只有1～2台设备时，可认为$K_d = 1$，即$P_{30} = P_e$。对于电动机，由于它本身功率损耗较大，因此当只有一台电动机时，其$P_{30} = P_N / \eta$，这里P_N为电动机额定容量，η为电动机效率。在K_d适当取大的同时，$\cos\varphi$也宜适当取大。

这里还要指出：需要系数值与用电设备的类别和工作状态关系极大，因此在计算时，首先要正确判明用电设备的类别和工作状态，否则会造成错误。例如，机修车间的金属切削机床电动机，应属小批量生产的金属冷加工机床电动机，因为金属切削就是冷加工，而机修不可能是大批生产。又如压塑机、拉丝机和锻锤等，应属热加工机床。再如起重机、行车、电动葫芦等，均属吊车类。

在求出有功计算负荷P_{30}后，可按下列各式分别求出其余的计算负荷。

无功计算负荷为

$$Q_{30} = P_{30}\tan\varphi \tag{2-11}$$

式中，$\tan\varphi$为对应于用电设备组φ的正切值。

视在计算负荷为

$$S_{30} = \frac{P_{30}}{\cos\varphi} \tag{2-12}$$

式中，$\cos\varphi$为用电设备组的平均功率因数。

计算电流为

$$I_{30} = \frac{S_{30}}{\sqrt{3}U_N} \tag{2-13}$$

式中，U_N为用电设备组的额定电压。

如果只有一台三相电动机，那么此电动机的计算电流就取额定电流，即

$$I_{30} = I_N = \frac{P_N}{\sqrt{3}U_N\eta\cos\varphi} \tag{2-14}$$

负荷计算中常用的单位：有功功率的单位"千瓦"（kW）、无功功率的单位"千乏"（k var）、视在功率的单位"千伏安"（kVA）、电流的单位"安"（A）、电压的单位"千伏"（kV）。

例2-1 已知某机修车间的金属切削机床组，拥有电压为380V的三相电动机38台，其中设备容量为7.5kW的电动机有3台，设备容量为4kW的电动机有8台，设备容量为3kW的电动机有17台，设备容量为1.5kW的电动机有10台，试求其计算负荷。

解： 此机床组电动机的总容量为

$$P_e = 7.5 \times 3 + 4 \times 8 + 3 \times 17 + 1.5 \times 10 = 120.5\text{kW}$$

查附录表1中"小批量生产的金属冷加工机床电动机"项，得$K_d = 0.16 \sim 0.2$（取0.2），$\cos\varphi = 0.5$，$\tan\varphi = 1.73$，因此可求得以下各计算负荷值。

有功计算负荷为

$$P_{30} = 0.2 \times 120.5\text{kW} = 24.1\text{kW}$$

无功计算负荷为

$$Q_{30} = 24.1\text{kW} \times 1.73 = 41.7\text{k var}$$

视在计算负荷为

$$S_{30} = \frac{24.1\text{kW}}{0.5} = 48.2\text{kVA}$$

计算电流为

$$I_{30} = \frac{48.2\text{kVA}}{\sqrt{3} \times 0.38\text{kV}} = 73.2\text{A}$$

2. 设备容量的计算

需要系数法基本公式（$P_{30} = K_{d}P_{e}$）中的设备容量 P_{e}，不含备用设备的容量，而且要注意，此容量的计算与用电设备组的工作制有关。

1）连续工作制和短时工作制的用电设备组容量计算

其设备容量是所有设备的额定（铭牌）容量之和。

2）断续周期工作制的用电设备组容量计算

其设备容量是将所有设备在不同负荷持续率下的铭牌容量换算到一个规定的负荷持续率下的容量之和。容量换算的公式如式（2-2）所示。断续周期工作制的用电设备组常用的有电焊机组和吊车电动机组，各自的换算要求如下。

1）电焊机组

要求容量统一换算到 ε=100%，因此由式（2-2）可得换算后的设备容量为

$$P_{e} = P_{N}\sqrt{\frac{\varepsilon_{N}}{\varepsilon_{100}}} = S_{N}\cos\varphi\sqrt{\frac{\varepsilon_{N}}{\varepsilon_{100}}}$$

$$P_{e} = P_{N}\sqrt{\varepsilon_{N}} = S_{N}\cos\varphi\sqrt{\varepsilon_{N}} \tag{2-15}$$

式中，P_{N}、S_{N} 为电焊机的铭牌容量（前者为有功功率，后者为视在功率）；ε_{N} 为与铭牌容量相对应的负荷持续率（计算中用小数）；ε_{100} 为 ε 的值等于 100% 时的负荷持续率（计算中用 1）；$\cos\varphi$ 为铭牌规定的功率因数。

2）吊车电动机组

要求容量统一换算到 $\varepsilon = 25\%$，因此由式（2-2）可得换算后的设备容量为

$$P_{e} = P_{N}\sqrt{\frac{\varepsilon_{N}}{\varepsilon_{25}}} = 2P_{N}\sqrt{\varepsilon_{N}} \tag{2-16}$$

式中，P_{N} 为吊车电动机的铭牌容量；ε_{N} 为与 P_{N} 对应的负荷持续率（计算中用小数）；ε_{25} 为 ε 的值等于 25% 时的负荷持续率（计算中用 0.25）。

3. 多组用电设备计算负荷的确定

当确定拥有多组用电设备的干线上或车间变电所低压母线上的计算负荷时，应考虑各组用电设备的最大负荷不同时出现的因素。因此在确定多组用电设备的计算负荷时，应结合具体情况对其有功负荷和无功负荷分别计入一个同时系数（又称参差系数或综合系数）$K_{\Sigma p}$ 和 $K_{\Sigma q}$：

对车间干线，取 $K_{\Sigma p} = 0.85 \sim 0.95$，$K_{\Sigma q} = 0.90 \sim 0.97$。

对低压母线，分两种情况。

（1）由用电设备组的计算负荷直接相加来计算时，取 $K_{\Sigma p} = 0.80 \sim 0.90$，$K_{\Sigma q} = 0.85 \sim 0.95$。

（2）由车间干线的计算负荷直接相加来计算时，取 $K_{\Sigma p} = 0.90 \sim 0.95$，$K_{\Sigma q} = 0.93 \sim 0.97$。

总的有功计算负荷为

$$P_{30} = K_{\Sigma p}\Sigma P_{30.i} \tag{2-17}$$

总的无功计算负荷为

$$Q_{30} = K_{\Sigma q} \Sigma Q_{30.i} \qquad (2\text{-}18)$$

以上两式中的 $\Sigma P_{30.i}$ 和 $\Sigma Q_{30.i}$ 分别为各组用电设备的有功计算负荷和无功计算负荷之和。

总的视在计算负荷为

$$S_{30} = \sqrt{P_{30}^2 + Q_{30}^2} \qquad (2\text{-}19)$$

总的计算电流为

$$I_{30} = \frac{S_{30}}{\sqrt{3} U_N} \qquad (2\text{-}20)$$

必须注意：由于各组用电设备的功率因数不一定相同，因此总的视在计算负荷与总的计算电流一般不能用各组的视在计算负荷或计算电流之和来计算，总的视在计算负荷也不能按式（2-12）计算。此外，还应注意：在计算多组用电设备总的计算负荷时，为了简化和统一，各组用电设备台数不论多少，各组的计算负荷均按附录表 1 所列的计算系数来计算，而不必考虑设备台数少而适当增大 K_d 和 $\cos\varphi$ 值的问题。

例 2-2　某机修车间 380V 线路上，接有金属切削机床电动机 20 台，设备容量共 50kW（其中 1 台设备容量为 7.5kW，3 台设备容量为 4kW，7 台设备容量为 2.2kW）；通风机 2 台，设备容量共 3kW；电阻炉 1 台，设备容量 2kW。试确定此线路上的计算负荷。

解：先求各组的计算负荷。

1）金属切削机床组

查附录表 1，取 $K_d = 0.2$，$\cos\varphi = 0.5$，$\tan\varphi = 1.73$，故

$$P_{30(1)} = 0.2 \times 50\text{kW} = 10\text{kW}$$

$$Q_{30(1)} = 10\text{kW} \times 1.73 = 17.3\text{k var}$$

2）通风机组

查附录表 1，取 $K_d = 0.8$，$\cos\varphi = 0.8$，$\tan\varphi = 0.75$，故

$$P_{30(2)} = 0.8 \times 3\text{kW} = 2.4\text{kW}$$

$$Q_{30(2)} = 2.4\text{kW} \times 0.75 = 1.8\text{k var}$$

3）电阻炉

查附录表 1，取 $K_d = 0.7$，$\cos\varphi = 1$，$\tan\varphi = 0$，故

$$P_{30} = 0.95 \times (10 + 2.4 + 1.4)\text{kW} = 13.1\text{kW}$$

$$Q_{30} = 0.97 \times (17.3 + 1.8)\text{k var} = 18.5\text{k var}$$

$$S_{30} = \sqrt{13.1^2 + 18.5^2}\,\text{kVA} = 22.7\text{kVA}$$

$$I_{30} = \frac{22.7\text{kVA}}{\sqrt{3} \times 0.38\text{kV}} = 34.5\text{A}$$

在实际工程设计说明书中，为了使人一目了然，便于审核，常采用计算表格的形式，如表 2-1 所示。

表 2-1　例 2-2 的计算负荷表（采用需要系数法）

序号	设备名称	台数 n	容量 P_e/kW	需要系数 K_d	$\cos\varphi$	$\tan\varphi$	计算负荷			
							P_{30}/kW	Q_{30}/k var	S_{30}/kVA	I_{30}/A
1	切削机床	20	50	0.2	0.5	1.73	10	17.3		
2	通风机	2	3	0.8	0.8	0.75	2.4	1.8		

续表

序号	设备名称	台数 n	容量 P_e/kW	需要系数 K_d	$\cos\varphi$	$\tan\varphi$	计算负荷			
							P_{30}/kW	Q_{30}/k var	S_{30}/kVA	I_{30}/A
3	电阻炉	1	2	0.7	1	0	1.4	0		
车间总计		23	55				13.8	19.1		
		取 $K_{\Sigma p}=0.95$，$K_{\Sigma q}=0.97$					13.1	18.5	22.7	34.5

2.2.3　采用二项式法确定计算负荷

1．基本公式

二项式法的基本公式为

$$P_{30}=bP_e+cP_x \tag{2-21}$$

式中，bP_e（二项式第一项）表示用电设备组的平均功率，其中 P_e 是用电设备组的设备总容量，其计算方法如前需要系数法所述；cP_x（二项式第二项）表示设备组中 x 台最大容量的设备投入运行时增加的附加负荷，其中 P_x 是 x 台最大容量的设备总容量；b、c 是二项式系数。

附录表 1 中也列有部分用电设备组的二项式系数 b、c 和最大容量的设备台数 x 值，供参考。

但必须注意：按二项式法确定计算负荷时，如果设备总台数 n 少于附录表 1 中规定的最大容量设备台数 x 的 2 倍，即当 $n<2x$ 时，其最大容量设备台数 x 宜适当取小，建议取为 $x=n/2$，且按"四舍五入"修约规则取其整数。例如，某机床电动机组只有 7 台时，其最大容量设备台数取为 $x=n/2=7/2\approx4$。

若用电设备组只有 1～2 台设备，则可认为 $P_{30}=P_e$。对于单台电动机，则 $P_{30}=P_N/\eta$，这里 P_N 为电动机额定容量，η 为其额定效率。在设备台数较少时，$\cos\varphi$ 值也宜适当取大。

由于二项式法不仅考虑了用电设备组最大负荷时的平均负荷，而且考虑了少数容量最大的用电设备投入运行时对总计算负荷的额外影响，因此二项式法比较适用于确定用电设备台数较少而容量差别较大的低压干线和分支线的计算负荷。但是二项式系数 b、c 和 x 的值，缺乏充分的理论依据，而且只有机械工业方面的部分数据，使其应用受到了一定的局限。

例 2-3　试用二项式法来确定例 2-1 机床组的计算负荷。

解：由附录表 1 查得 $b=0.14$，$c=0.4$，$x=5$，$\cos\varphi=0.5$，$\tan\varphi=1.73$。

设备总容量（见例 2-1）为

$$P_e=120.5\text{kW}$$

x 台最大容量设备的容量为

$$P_x=P_5=7.5\text{kW}\times3+4\text{kW}\times2=30.5\text{kW}$$

按式（2-11）可求得其无功计算负荷为

$$Q_{30}=29.1\text{kW}\times1.73=50.3\text{k var}$$

按式（2-12）可求得其视在计算负荷为

$$S_{30}=\frac{29.1\text{kW}}{0.5}=58.2\text{kVA}$$

按式（2-13）可求得其计算电流为

$$I_{30}=\frac{58.2\text{kVA}}{\sqrt{3}\times0.38\text{kV}}=88.4\text{A}$$

比较例 2-1 和例 2-3 的计算结果可以看出，采用二项式法计算的结果比采用需要系数法计算的结果稍大，特别是在用电设备台数较少的情况下更是如此。供电设计的经验说明，选择低压分支干线或分支线时，按需要系数法计算的结果往往偏小，所以采用二项式法计算为宜。我国建筑行业标准 JGJ/T 16—2008《民用建筑电气设计规范》也规定，用电设备台数较少，各台设备容量相差悬殊时，宜采用二项式法。

2. 多组用电设备计算负荷的确定

采用二项式法确定多组用电设备总的计算负荷时，也应考虑各组用电设备的最大负荷不同时出现的因素，但不是计入一个同时系数，而是在各组用电设备中取其中一组最大的有功附加负荷 $(cP_x)_{max}$，再加上各组的平均负荷 bP_e。

总的有功计算负荷为

$$P_{30} = \Sigma(bP_e)_i + (cP_x)_{max} \tag{2-22}$$

总的无功计算负荷为

$$Q_{30} = \Sigma(bP_e \tan\varphi)_i + (cP_x)_{max} \tan\varphi_{max} \tag{2-23}$$

式中，$\tan\varphi_{max}$ 为最大附加负荷 $(cP_x)_{max}$ 的用电设备组的平均功率因数角的正切值。

关于总的视在计算负荷 S_{30} 和总的计算电流 I_{30}，仍按式（2-19）和式（2-20）计算。

为了简化和统一，采用二项式法计算多组用电设备的计算负荷时，不论各组用电设备台数为多少，各组的计算系数 b、c、x 和 $\cos\varphi$ 等，均参考附录表 1 所列数值。

例 2-4　试用二项式法确定例 2-2 所述机修车间 380V 线路的计算负荷。

解：先求各组的 bP_e 和 cP_x。

1）金属切削机床组

查附录表 1，取 $b = 0.14$，$c = 0.4$，$x = 5$，$\cos\varphi = 0.5$，$\tan\varphi = 1.73$，故

$$bP_{e(1)} = 0.14 \times 50\text{kW} = 7\text{kW}$$

$$cP_{x(1)} = 0.4 \times (7.5\text{kW} \times 1 + 4\text{kW} \times 3 + 2.2\text{kW} \times 1) = 8.68\text{kW}$$

2）通风机组

查附录表 1，取 $b = 0.65$，$c = 0.25$，$\cos\varphi = 0.8$，$\tan\varphi = 0.75$，故

$$bP_{e(2)} = 0.65 \times 3\text{kW} = 1.95\text{kW}$$

$$cP_{x(2)} = 0.25 \times 3\text{kW} = 0.75\text{kW}$$

3）电阻炉

查附录表 1，取 $b = 0.7$，$c = 0$，$\cos\varphi = 1$，$\tan\varphi = 0$，故

$$bP_{e(3)} = 0.7 \times 2\text{kW} = 1.4\text{kW}$$

$$cP_{x(3)} = 0$$

以上各组用电设备中，附加负荷 $cP_{x(1)}$ 最大，因此总的计算负荷为

$$P_{30} = (7 + 1.95 + 1.4)\text{kW} + 8.68\text{kW} = 19\text{kW}$$

$$Q_{30} = (7 \times 1.73 + 1.95 \times 0.75 + 0)\text{k var} + 8.68 \times 1.73\text{k var} = 28.6\text{k var}$$

$$S_{30} = \sqrt{19^2 + 28.6^2}\text{kVA} = 34.3\text{kVA}$$

$$I_{30} = \frac{34.3\text{kVA}}{\sqrt{3} \times 0.38\text{kV}} = 52.1\text{A}$$

比较例 2-2 和例 2-4 的计算结果可以看出，采用二项式法计算的结果较采用需要系数法计算的结果大得多，但也更加合理。

2.3 单相用电设备组计算负荷的确定

2.3.1 概述

在工厂里，除了广泛应用的三相用电设备，还有电焊机、电炉、电灯等各种单相用电设备。单相用电设备接在三相线路中，应尽可能均衡分配，使三相负荷尽可能平衡。若三相线路中单相用电设备的总容量不超过三相用电设备总容量的 15%，则不论单相用电设备如何分配，单相用电设备可与三相用电设备按三相负荷平衡综合计算。若单相用电设备容量超过三相用电设备容量的 15% 时，则应将单相用电设备容量换算为等效三相用电设备容量，再与三相用电设备容量相加。

由于确定计算负荷的目的主要是选择线路上的设备和导线（包括电缆），使线路上的设备和导线在通过计算电流时不致过热或烧毁，因此在接有较多单相用电设备的三相线路中，不论单相用电设备接于相电压还是接于线电压，只要三相负荷不平衡，就应以最大负荷相有功负荷的 3 倍作为等效三相有功负荷，以满足安全运行的要求。

2.3.2 单相用电设备组的等效三相计算负荷

1. 单相用电设备接于相电压时的等效三相计算负荷

等效三相设备容量 P_e 应按最大负荷相所接单相设备容量 $P_{e.m\varphi}$ 的 3 倍计算，即

$$P_e = 3P_{e.m\varphi} \tag{2-24}$$

其等效三相计算负荷采用前述需要系数法计算。

2. 单相用电设备接于线电压时的等效三相计算负荷

由于容量为 $P_{e.\varphi}$ 的单相用电设备在线电压上产生的电流 $I = P_{e.\varphi}/(U\cos\varphi)$，此电流应与等效三相设备容量 P_e 产生的电流 $I' = P_e/(\sqrt{3}U\cos\varphi)$ 相等，因此其等效三相设备容量为

$$P_e = \sqrt{3}P_{e.\varphi} \tag{2-25}$$

3. 单相用电设备分别接于线电压和相电压时的等效三组计算负荷

首先应将接于线电压的单相设备容量换算为接于相电压的设备容量，然后分相计算各相的设备容量与计算负荷。总的等效三相有功计算负荷为其最大有功负荷相的有功计算负荷 $P_{30.m\varphi}$ 的 3 倍，即

$$P_{30} = 3P_{30.m\varphi} \tag{2-26}$$

总的等效三相无功计算负荷为最大无功负荷相的无功计算负荷 $Q_{30.m\varphi}$ 的 3 倍，即

$$Q_{30} = 3Q_{30.m\varphi} \tag{2-27}$$

关于将接于线电压的单相设备容量换算为接于相电压的单相设备容量的问题，可按下列换算公式进行换算。

A 相
$$P_{\mathrm{A}} = p_{\mathrm{AB-A}}P_{\mathrm{AB}} + p_{\mathrm{CA-A}}P_{\mathrm{CA}} \qquad (2\text{-}28)$$
$$Q_{\mathrm{A}} = q_{\mathrm{AB-A}}P_{\mathrm{AB}} + q_{\mathrm{CA-A}}P_{\mathrm{CA}} \qquad (2\text{-}29)$$

B 相
$$P_{\mathrm{B}} = p_{\mathrm{BC-B}}P_{\mathrm{BC}} + p_{\mathrm{AB-B}}P_{\mathrm{AB}} \qquad (2\text{-}30)$$
$$Q_{\mathrm{B}} = q_{\mathrm{BC-B}}P_{\mathrm{BC}} + q_{\mathrm{AB-B}}P_{\mathrm{AB}} \qquad (2\text{-}31)$$

C 相
$$P_{\mathrm{C}} = p_{\mathrm{CA-C}}P_{\mathrm{CA}} + p_{\mathrm{BC-C}}P_{\mathrm{BC}} \qquad (2\text{-}32)$$
$$Q_{\mathrm{C}} = q_{\mathrm{CA-C}}P_{\mathrm{CA}} + q_{\mathrm{BC-C}}P_{\mathrm{BC}} \qquad (2\text{-}33)$$

式中，P_{AB}、P_{BC}、P_{CA} 分别为接于 AB、BC、CA 相间的有功设备容量；P_{A}、P_{B}、P_{C} 分别为换算为 A、B、C 相的有功设备容量；Q_{A}、Q_{B}、Q_{C} 分别为换算为 A、B、C 相的无功设备容量；$p_{\mathrm{AB-A}}$、$q_{\mathrm{AB-A}}$、$p_{\mathrm{BC-B}}$、$q_{\mathrm{BC-B}}$、$p_{\mathrm{CA-C}}$、$q_{\mathrm{CA-C}}$、$p_{\mathrm{AB-B}}$、$q_{\mathrm{AB-B}}$、$p_{\mathrm{BC-C}}$、$q_{\mathrm{BC-C}}$、$p_{\mathrm{CA-A}}$、$q_{\mathrm{CA-A}}$ 分别是接于 AB、BC、CA 等相间的设备容量换算为 A、B、C 等相设备容量的有功功率换算系数和无功功率换算系数，如表 2-2 所列。

表 2-2　相间负荷换算为相负荷的功率换算系数

项　　目	不同负荷功率因数下的功率换算系数								
	0.35	0.4	0.5	0.6	0.65	0.7	0.8	0.9	1.0
$p_{\mathrm{AB-A}}, p_{\mathrm{BC-B}}, p_{\mathrm{CA-C}}$	1.27	1.17	1.0	0.89	0.84	0.8	0.72	0.64	0.5
$p_{\mathrm{AB-B}}, p_{\mathrm{BC-C}}, p_{\mathrm{CA-A}}$	−0.27	−0.17	0	0.11	0.16	0.2	0.28	0.36	0.5
$q_{\mathrm{AB-A}}, q_{\mathrm{BC-B}}, q_{\mathrm{CA-C}}$	1.05	0.86	0.58	0.38	0.3	0.22	0.09	−0.05	−0.29
$q_{\mathrm{AB-B}}, q_{\mathrm{BC-C}}, q_{\mathrm{CA-A}}$	1.63	1.44	1.16	0.96	0.88	0.8	0.67	0.53	0.29

例 2-5　图 2-7 所示的 220/380V 三相四线制线路上，接有 220V 单相电热干燥箱 4 台，其中 2 台（10kW）接于 A 相，1 台（30kW）接于 B 相，1 台（20kW）接于 C 相。此外接有 380V 单相对焊机 4 台，其中 2 台（14kW，$\varepsilon = 100\%$）接于 AB 相间，1 台（20kW，$\varepsilon = 100\%$）接于 BC 间，1 台（30kW，$\varepsilon = 60\%$）接于 CA 相间。试求此线路的计算负荷。

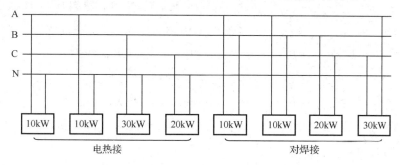

图 2-7　例 2-5 的电路

解：

1）电热干燥箱的各相计算负荷

查附录表 1 得 $K_{\mathrm{d}} = 0.7$，$\cos\varphi = 1$，$\tan\varphi = 0$，因此只需计算其有功计算负荷。

A 相
$$P_{30.\mathrm{A}(1)} = K_{\mathrm{d}}P_{\mathrm{e.A}} = 0.7 \times 2 \times 10\mathrm{kW} = 14\mathrm{kW}$$

B 相
$$P_{30.\mathrm{B}(1)} = K_{\mathrm{d}}P_{\mathrm{e.B}} = 0.7 \times 1 \times 30\mathrm{kW} = 21\mathrm{kW}$$

C 相
$$P_{30.\mathrm{C}(1)} = K_{\mathrm{d}}P_{\mathrm{e.C}} = 0.7 \times 1 \times 20\mathrm{kW} = 14\mathrm{kW}$$

2）单相对焊机的各相计算负荷

先将接于 CA 相间的 30kW（$\varepsilon=60\%$）换算至 $\varepsilon=100\%$ 的设备容量，即 $P_{CA}=\sqrt{0.6}\times 30kW=23kW$。

查附录表 1 得 $K_d=0.35$，$\cos\varphi=0.7$，$\tan\varphi=1.02$；再由表 2-2 查得 $\cos\varphi=0.7$ 时的功率换算系数：

$$p_{AB-A}=p_{BC-B}=p_{CA-C}=0.8,\quad p_{AB-B}=p_{BC-C}=p_{CA-A}=0.2,$$
$$q_{AB-A}=q_{BC-B}=q_{CA-C}=0.22,\quad q_{AB-B}=q_{BC-C}=q_{CA-A}=0.8$$

因此各相的有功设备容量和无功设备容量为

A 相 $\qquad P_A=0.8\times 2\times 14kW+0.2\times 23kW=27kW$

$\qquad\qquad Q_A=0.22\times 2\times 14k\,var+0.8\times 23k\,var=24.6k\,var$

B 相 $\qquad P_B=0.8\times 20kW+0.2\times 2\times 14kW=21.6kW$

$\qquad\qquad Q_B=0.22\times 20k\,var+0.8\times 2\times 14k\,var=26.8k\,var$

C 相 $\qquad P_C=0.8\times 23kW+0.2\times 20kW=22.4kW$

$\qquad\qquad Q_C=0.22\times 23k\,var+0.8\times 20k\,var=21.1k\,var$

各相的有功计算负荷和无功计算负荷为

A 相 $\qquad P_{30.A(2)}=0.35\times 27kW=9.45kW$

$\qquad\qquad Q_{30.A(2)}=0.35\times 24.6k\,var=8.61k\,var$

B 相 $\qquad P_{30.B(2)}=0.35\times 21.6kW=7.56kW$

$\qquad\qquad Q_{30.B(2)}=0.35\times 26.8k\,var=9.38k\,var$

C 相 $\qquad P_{30.C(2)}=0.35\times 22.4kW=7.84kW$

$\qquad\qquad Q_{30.C(2)}=0.35\times 21.1k\,var=7.39k\,var$

3）各相总的有功和无功计算负荷

A 相 $\qquad P_{30.A}=P_{30.A(1)}+P_{30.A(2)}=14kW+9.45kW=23.5kW$

$\qquad\qquad Q_{30.A}=Q_{30.A(1)}+Q_{30.A(2)}=0+8.61k\,var=8.61k\,var$

B 相 $\qquad P_{30.B}=P_{30.B(1)}+P_{30.B(2)}=21kW+7.56kW=28.6kW$

$\qquad\qquad Q_{30.B}=Q_{30.B(1)}+Q_{30.B(2)}=0+9.38k\,var=9.38k\,var$

C 相 $\qquad P_{30.C}=P_{30.C(1)}+P_{30.C(2)}=14kW+7.84kW=21.8kW$

$\qquad\qquad Q_{30.C}=Q_{30.C(1)}+Q_{30.C(2)}=0+7.39k\,var=7.39k\,var$

4）总的等效三相计算负荷

因 B 相的有功计算负荷最大，故取 B 相计算其等效三相计算负荷，可得

$$P_{30}=3P_{30.B}=3\times 28.6kW=85.8kW$$

$$Q_{30}=3Q_{30.B}=3\times 9.38k\,var=28.1k\,var$$

$$S_{30}=\sqrt{85.8^2+28.1^2}kVA=90.3kVA$$

$$I_{30}=\frac{90.3kVA}{\sqrt{3}\times 0.38kV}=137A$$

2.4　工厂计算负荷及年耗电量的计算

2.4.1　工厂计算负荷的确定

工厂计算负荷是选择工厂电源进线及主要电气设备（包括主电力变压器）的基本依据，也是计算工厂功率因数和无功补偿容量的基本依据。确定工厂计算负荷的方法很多，可根据具体情况选用。

1. 采用需要系数法确定工厂计算负荷

将全厂用电设备的总容量 P_e（不计入备用设备容量）乘以一个需要系数 K_d，可得全厂的有功计算负荷：

$$P_{30} = K_d P_e \tag{2-34}$$

附录表 2 列出部分工厂的需要系数值，供参考。

全厂的无功计算负荷、视在计算负荷和计算电流，可分别按式（2-11）、式（2-12）和式（2-13）计算。

2. 根据年产量估算工厂计算负荷

将工厂年产量 A 乘以单位产品耗电量 a，就可得到工厂年耗电量：

$$W_a = Aa \tag{2-35}$$

各类工厂的单位产品耗电量可由有关设计手册或根据实测资料确定。

在求得工厂年耗电量 W_a 后，除以工厂的年最大负荷利用小时 T_{max}，就可求出工厂的有功计算负荷：

$$P_{30} = \frac{W_a}{T_{max}} \tag{2-36}$$

其他计算负荷（ Q_{30}、S_{30} 和 I_{30} ）的计算，与上述需要系数法相同。

3. 采用逐级计算法确定工厂计算负荷

如图 2-8 所示，工厂计算负荷（这里以有功负荷为例）$P_{30(1)}$，应该是高压母线上所有高压配电线路计算负荷之和，再乘以一个同时系数。高压配电线路的计算负荷 $P_{30(2)}$，应该是该线路所供车间变电所低压侧的计算负荷 $P_{30(3)}$，加上电力变压器的功率损耗 ΔP_T 和高压配电线路的功率损耗 ΔP_{WL} ……如此逐级计算即可求得供电系统中所有元件的计算负荷。但对一般供电系统来说，由于高低压配电线路一般不是很长，因此在确定计算负荷时其线路损耗往往略去不计。

在负荷计算中，新型低损耗电力变压器（如 S9、SC9

图 2-8　工厂供电系统中各部分的计算负荷和功率损耗（只示出有功部分）

等）的功率损耗可按下列简化公式近似计算：

有功损耗 $\qquad\qquad\qquad\qquad \Delta P_\mathrm{T} \approx 0.01 S_{30}$ （2-37）

无功损耗 $\qquad\qquad\qquad\qquad \Delta Q_\mathrm{T} \approx 0.05 S_{30}$ （2-38）

4．工厂的功率因数、无功功率补偿及补偿后的工厂计算负荷

1）工厂的功率因数

（1）瞬时功率因数。可由相位表（功率因数表）直接测出，或由功率表、电压表和电流表的读数求得（间接测量）：

$$\cos\varphi = \frac{P}{\sqrt{3}UI}$$ （2-39）

式中，P 为功率表测出的三相有功功率读数（kW）；U 为电压表测出的线电压读数（kV）；I 为电流表测出的电流读数（A）。

瞬时功率因数可用来了解和分析工厂或设备在生产过程中某一时间的功率因数值，借以了解当时的无功功率变化情况，研究是否需要和如何进行无功功率补偿的问题。

（2）平均功率因数，又称加权平均功率因数，按下式计算：

$$\cos\varphi = \frac{W_\mathrm{p}}{\sqrt{W_\mathrm{p}^2 + W_\mathrm{q}^2}} = \frac{1}{\sqrt{1 + \left(\dfrac{W_\mathrm{q}}{W_\mathrm{p}}\right)^2}}$$ （2-40）

式中，W_p 为某一段时间（通常取一月）内消耗的有功电能，由有功电能表读取；W_q 为某一段时间（通常取一月）内消耗的无功电能，由无功电能表读取。

我国供电企业每月向用户计取电费，规定电费要按月平均功率因数的高低进行调整。如果月平均功率因数高于规定值，可减收电费；而低于规定值，要加收电费，以鼓励用户积极设法提高功率因数，降低电能损耗。

（3）最大负荷时的功率因数，指在最大负荷（计算负荷）时的功率因数，按下式计算：

$$\cos\varphi = \frac{P_{30}}{S_{30}}$$ （2-41）

《供电营业规则》规定：用户在当地供电企业规定的电网高峰负荷时的功率因数应达到下列规定，100kVA 及以上高压供电的用户功率因数为 0.90 以上。其他电力用户和大、中型电力排灌站，趸购转售企业，功率因数为 0.85 以上。并规定，凡功率因数未达到上述规定的，应增添无功功率补偿装置，通常采用并联电容器进行补偿。这里所指功率因数，即最大负荷时的功率因数。

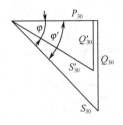

图 2-9　功率因数的提高与无功功率、视在功率变化的关系

2）无功功率补偿

工厂中有大量的感应电动机、电焊机、电弧炉及气体放电灯等感性负荷，还有感性的电力变压器，使工厂的功率因数降低。若在充分发挥设备潜力、改善设备运行性能、提高其自然功率因数的情况下，尚达不到规定的功率因数要求，则需要考虑增设无功功率补偿装置。

图 2-9 表示功率因数的提高与无功功率、视在功率变化的关系。假设功率因数由 $\cos\varphi$ 提高到 $\cos\varphi'$，这时在用户需用的有功

功率 P_{30} 不变的条件下，无功功率将由 Q_{30} 减小到 Q'_{30}，视在功率将由 S_{30} 减小到 S'_{30}。相应地负荷电流 I_{30} 也将有所减小，这将使系统的电能损耗和电压损耗相应降低，既节约了电能，又提高了电压质量，而且可选择较小容量的供电设备和导线电缆，因此提高功率因数对供电系统大有好处。

由图 2-9 可知，要使功率因数由 $\cos\varphi$ 提高到 $\cos\varphi'$，必须装设无功功率补偿装置（并联电容器），其容量为

$$Q_C = Q_{30} - Q'_{30} = P_{30}(\tan\varphi - \tan\varphi') \tag{2-42}$$

或

$$Q_C = \Delta q_C P_{30} \tag{2-43}$$

式中，$\Delta q_C = \tan\varphi - \tan\varphi'$，称为无功补偿率或比补偿容量。无功补偿率表示要使 1kW 的有功功率由 $\cos\varphi$ 提高到 $\cos\varphi'$ 所需要的无功补偿容量值。

附录表 3 列出了并联电容器的无功补偿率，可利用补偿前和补偿后的功率因数直接查得。在确定了总的补偿容量后，即可根据所选并联电容器的单个容量 q_C 来确定并联电容器个数：

$$n = \frac{Q_C}{q_C} \tag{2-44}$$

部分常用的并联电容器的主要技术数据，如附录表 4 所列。

由式（2-44）计算所得的并联电容器个数 n，对于单相并联电容器（其全型号后面标"1"者）来说，应取 3 的倍数，以便使三相均衡分配。

3）进行无功功率补偿后的工厂计算负荷

工厂（或车间）装设了无功功率补偿装置以后，总的计算负荷 P_{30} 不变，而总的无功计算负荷应扣除无功补偿容量，即总的无功计算负荷为

$$Q'_{30} = Q_{30} - Q_C \tag{2-45}$$

总的视在计算负荷为

$$S_{30} = \sqrt{P_{30}^2 + (Q_{30} - Q_C)^2} \tag{2-46}$$

由式（2-46）可以看出，在变电所低压侧装设了无功功率补偿装置以后，由于低压侧总的视在负荷减小，从而可使变电所主电力变压器容量选得小一些，这不仅可降低变电所的初投资，而且可减少工厂的电费开支，因为我国供电企业对工业用户实行"两部电费制"。一部分叫基本电费，按所装设的主电力变压器容量来计费，规定每月按 kVA 容量大小交纳电费，容量越大，交纳的电费也越多；容量减小，交纳的电费就相应减少。另一部分叫电能电费，按每月实际耗用的电能（kW·h）来计算电费，并且要根据月平均功率因数乘以一个调整系数。凡是月平均功率因数高于规定值的，可减交一定百分率的电费。由此可见，提高工厂功率因数不仅对整个电力系统大有好处，而且对工厂本身也更加经济实惠。

例 2-6　某厂拟建一个降压变电所，装设一台主电力变压器。已知变电所低压侧有功计算负荷为 650kW，无功计算负荷为 800kvar。为了使工厂变电所高压侧的功率因数不低于 0.9，在低压侧装设并联电容器进行补偿时，需装设的补偿容量为多少？补偿前后工厂变电所所选主电力变压器的容量有何变化？

解：

1）补偿前应选主电力变压器的容量和功率因数

主电力变压器低压侧的视在计算负荷为

$$S_{30(2)} = \sqrt{650^2 + 800^2}\,\text{kVA} = 1031\text{kVA}$$

主电力变压器容量的选择条件为 $S_{NT} > S_{30(2)}$ ，因此在未进行无功功率补偿时，主电力变压器容量应选为 1250kVA。

这时变电所低压侧的功率因数为

$$\cos\varphi_{(2)} = 650/1031 = 0.63$$

2）无功补偿容量

按规定，变电所高压侧的 $\cos\varphi \geq 0.9$ ，考虑到主电力变压器的无功功率损耗 ΔQ_T 远大于其有功损耗 ΔP_T ，一般 $\Delta Q_T = (4 \sim 5)\Delta P_T$ ，因此在主电力变压器低压侧进行无功功率补偿时，低压侧补偿后的功率因数应略高于 0.9，这里取 $\cos\varphi'_{(2)} = 0.92$ 。

要使低压侧的功率因数由 0.63 提高到 0.92，低压侧需装设的并联电容器容量为

$$Q_C = 650 \times (\tan\arccos 0.63 - \tan\arccos 0.92)\text{k var} = 525\text{k var}$$

取 $Q_C = 530\text{k var}$ 。

3）补偿后的主电力变压器的容量和功率因数

补偿后主电力变压器低压侧的视在计算负荷为

$$S'_{30(2)} = \sqrt{650^2 + (800-530)^2}\text{kVA} = 704\text{kVA}$$

因此补偿后主电力变压器的容量可改选为 800kVA，比补偿前容量减少了 450kVA。

主电力变压器的功率损耗为

$$\Delta P_T \approx 0.01 \times S'_{30(2)} = 0.01 \times 704\text{kVA} = 7\text{kW}$$

$$\Delta Q_T \approx 0.05 \times S'_{30(2)} = 0.05 \times 704\text{kVA} = 35\text{k var}$$

主电力变压器高压侧的计算负荷为

$$P'_{30(1)} = 650\text{kW} + 7\text{kW} = 657\text{kW}$$

$$Q'_{30(1)} = (800-530)\text{k var} + 35\text{k var} = 305\text{k var}$$

$$S'_{30(1)} = \sqrt{657^2 + 305^2}\text{kVA} = 724\text{kVA}$$

补偿后工厂的功率因数为 $\cos\varphi' = P'_{30(1)}/S'_{30(1)} = 657/724 = 0.907$ ，满足要求。

由此例可以看出，通过无功功率补偿装置来提高功率因数能实现可观的经济效果。

2.4.2 工厂年耗电量的计算

工厂的年耗电量可用工厂年产量和单位产品耗电量进行估算，如式（2-35）所示。

可利用工厂的有功计算负荷和无功计算负荷 P_{30} 与 Q_{30} ，进行工厂年耗电量较精确的计算，即

工厂年有功耗电量 $\qquad\qquad W_{p \cdot a} = \alpha P_{30} T_a \qquad\qquad$ （2-47）

工厂年无功耗电量 $\qquad\qquad W_{q \cdot a} = \beta Q_{30} T_a \qquad\qquad$ （2-48）

式中，α 为年平均有功负荷系数，一般取 $0.7 \sim 0.75$ ；β 为年平均无功负荷系数，一般取 $0.76 \sim 0.82$ ；T_a 为年实际工作小时数，按每周 5 个工作日计，一班制生产可取 2000h，两班制生产可取 4000h，三班制生产可取 6000h 。

例 2-7 假设例 2-6 所示工厂为两班制生产，试计算其年耗电量。

解：按式（2-47）和式（2-48）计算，取 $\alpha = 0.7$ ，$\beta = 0.8$ ，$T_a = 4000\text{h}$ ，可得

工厂年有功耗电量为

$$W_{p \cdot a} = 0.7 \times 661\text{kW} \times 4000\text{h} = 1.85 \times 10^6 \text{kW} \cdot \text{h}$$

工厂年无功耗电量为

$$W_{q \cdot a} = 0.8 \times 312 \text{k var} \times 4000 \text{h} = 0.998 \times 10^6 \text{k var} \cdot \text{h}$$

2.5　尖峰电流及其计算

2.5.1　概述

尖峰电流（Peak Current）是指持续时间 1～2s 的短时最大电流。尖峰电流主要用来选择熔断器、低压断路器、整定继电保护装置及检验电动机自启动条件等。

2.5.2　用电设备尖峰电流的计算

1. 单台用电设备尖峰电流的计算

单台用电设备的尖峰电流就是其启动电流（Starting Current），因此尖峰电流为

$$I_{pk} = I_{st} = K_{st} I_N \tag{2-49}$$

式中，I_N 为用电设备的额定电流；I_{st} 为用电设备的启动电流；K_{st} 为用电设备的启动电流倍数，笼型电动机的 K_{st}=5～7，绕线转子电动机的 K_{st}=2～3，直流电动机的 K_{st}=1.7，电焊变压器的 $K_{st} \geqslant 3$。

2. 多台用电设备尖峰电流的计算

引至多台用电设备的线路上的尖峰电流按下式计算：

$$I_{pk} = K_{\Sigma} \sum_{i=1}^{n-1} I_{N.i} + I_{st.max} \tag{2-50}$$

或

$$I_{pk} = I_{30} + (I_{st} - I_N)_{max} \tag{2-51}$$

式中，$I_{st.max}$ 和 $(I_{st} - I_N)_{max}$ 分别为用电设备中启动电流与额定电流之差为最大的那台用电设备的启动电流及其启动电流与额定电流之差；$\sum_{i=1}^{n-1} I_{N.i}$ 为将启动电流与额定电流之差为最大的那台用电设备除外的其他 $n-1$ 台用电设备的额定电流之和；K_{Σ} 为上述 $n-1$ 台设备的同时系数，按台数多少选取，一般取 0.7～1；I_{30} 为全部用电设备投入运行时线路的计算电流。

例 2-8　有一个 380V 三相线路，供电给表 2-3 所示的 4 台电动机，试计算该线路的尖峰电流。

表 2-3　例 2-8 的负荷资料

参　　　数	电　动　机			
	M1	M2	M3	M4
额定电流 I_N/A	5.6	5	35.8	27.6
启动电流 I_{st}/A	40.6	35	197	193.2

解： 由表 2-3 可知，电动机 M4 的 $I_{st} - I_N$（193.2A − 27.6A = 165.6A）最大，因此按式（2-50）计算（取 $K_{\Sigma} = 0.9$）得线路的尖峰电流为

$$I_{pk} = 0.9 \times (5.6 + 5 + 35.8) \text{A} + 193.2 \text{A} = 235 \text{A}$$

本章小结

本章介绍了工厂电力负荷的分级及有关概念，然后着重讲述了用电设备组计算负荷和工厂计算负荷的两种确定方法——需要系数法和二项式法，对该系统功率因数进行有效的补偿，最后讲述尖峰电流及其计算。本章内容是工厂供电系统运行分析和设计计算的基础。

复习思考题

2-1 工厂电力负荷按重要程度分为哪几级？各级负荷对供电电源有什么要求？

2-2 工厂用电设备按其工作制分为哪几类？什么叫负荷持续率？它表征哪类设备的工作特性？

2-3 什么叫最大负荷利用小时？什么叫年最大负荷和年平均负荷？什么叫负荷系数？

2-4 什么叫计算负荷？为什么计算负荷通常采用半小时最大负荷？正确确定计算负荷有何意义？

2-5 确定计算负荷的需要系数法和二项式法各有什么特点？各适用于哪些场合？

2-6 在确定多组用电设备总的视在计算负荷和总的计算电流时，可否将各组的视在计算负荷和计算电流分别相加来求得？为什么？应如何正确计算？

2-7 在接有单相用电设备组的三相线路中，什么情况下可将单相用电设备与三相用电设备综合，并按三相用电负荷的计算方法来确定计算负荷？

2-8 什么叫平均功率因数和最大负荷时的功率因数？各如何计算？各有何用途？

2-9 为什么要进行无功功率补偿？如何确定其补偿容量？

2-10 什么叫尖峰电流？如何计算单台用电设备和多台用电设备的尖峰电流？

习题

2-1 某进行大批量生产的机械加工车间，金属切削机床电动机容量共800kW，通风机容量共56kW，线路电压为380V。试分别确定各用电设备组和车间的计算负荷P_{30}、Q_{30}、S_{30}和I_{30}。

2-2 某机修车间，拥有金属冷加工机床 52 台，设备容量共200kW；行车 1 台，设备容量共5.1kW（$\varepsilon=15\%$）；通风机 4 台，设备容量共5kW；点焊机 3 台，设备容量共10.5kW（$\varepsilon=65\%$）。车间采用 220/380V 三相四线制（TN-C 系统）配电。试确定该车间的计算负荷P_{30}、Q_{30}、S_{30}和I_{30}。

2-3 有一个380V 三相线路，供给 35 台进行小批量生产的金属冷加工机床电动机，总设备容量为85kW，其中较大容量的电动机有 1 台，设备容量为7.5kW，设备容量为4kW的电动机 3 台，设备容量为3kW的电动机 12 台。试分别采用需要系数法和二项式法确定其计算负荷P_{30}、Q_{30}、S_{30}和I_{30}。

2-4 某实验室拟装设 5 台220V 单相加热器，其中设备容量为1kW的有 3 台，设备容量为3kW的有 2 台。试合理分配上述各加热器于 220/380V 线路，并求其计算负荷P_{30}、Q_{30}、S_{30}和I_{30}。

2-5 某 220/380V 线路上，接有表 2-4 所列的用电设备。试确定该线路的计算负荷 P_{30}、Q_{30}、S_{30} 和 I_{30}。

表 2-4 习题 2-5 的负荷资料

设备名称	380V 单头手动弧焊机			220V 电热箱		
接入相序	AB	BC	CA	A	B	C
设备台数	1	1	2	2	1	1
单台设备容量	21kVA（ε=65%）	17kVA（ε=100%）	10.3kVA（ε=50%）	3kW	6kW	4.5kW

2-6 某厂变电所装有一台容量为 630kVA 的电力变压器，其二次侧（380V）的有功计算负荷为 420kW，无功计算负荷为 350k var。试求此变电所一次侧（10kV）的计算负荷及其功率因数。如果功率因数未达到 0.9，问此变电所低压母线上应装设多大容量的并联电容器才能达到要求？

2-7 某电器开关厂（一班制生产）总的用电设备容量为 5840kW。试估算该厂的计算负荷 P_{30}、Q_{30}、S_{30} 及其年有功耗电量 $W_{p.a}$ 和年无功耗电量 $W_{q.a}$。

2-8 某厂的有功计算负荷为 2400kW，功率因数为 0.65。现拟在工厂变电所 10kV 母线上装设 BWF10.5-30-1 型并联电容器，使功率因数提高到 0.9。问需装设多少个并联电容器？装设了并联电容器以后，该厂的视在计算负荷为多少？比未装设前的视在计算负荷减少了多少？

2-9 某车间有一条 380V 线路供电给表 2-5 所列的 5 台交流电动机。试计算该线路的计算电流和尖峰电流。（提示：计算电流在此可近似地按下式计算：$I_{30} \approx K_{\Sigma}\Sigma I_{N}$，式中，$K_{\Sigma}$ 建议取 0.9。）

表 2-5 习题 2-9 的负荷资料

参 数	电 动 机				
	M1	M2	M3	M4	M5
额定电流/A	10.2	32.4	30	6.1	20
起动电流/A	66.3	227	163	34	140

第3章　短路电流及其计算

▶ **学习目标与重点**

◇ 了解短路与短路电流的概念。
◇ 掌握采用欧姆法计算短路电流。
◇ 掌握采用标幺制法计算短路电流。
◇ 了解短路电流的电动效应和稳定度校验。

▶ **关键术语**

短路电流；欧姆法；标幺制法；电动效应；热效应

3.1　短路的原因、后果和形式

3.1.1　短路的原因

工厂供电系统要求正常地不间断地对用电负荷供电，以保证工厂生产和生活的正常进行。然而由于各种原因，也难免出现故障，使系统的正常运行遭到破坏。系统中最常见的故障就是短路（Short Circuit）。短路就是指不同电位的导电部分（包括导电部分对地）之间的低阻性短接。造成短路的原因主要如下。

（1）电气设备绝缘损坏。这是设备长期运行、绝缘自然老化造成的，也可能是设备本身质量低劣、绝缘强度不够而被正常电压击穿造成的，或者是设备质量合格、绝缘合乎要求而被过电压（包括雷电过电压）击穿，以及设备绝缘受到外力损伤而造成的短路。

（2）有关人员误操作。大多是操作人员违反安全操作规程而发生的。例如，带负荷拉闸（即带负荷断开隔离开关），或者误将低电压设备接入较高电压的电路中而造成击穿短路。

（3）鸟兽为害事故。鸟兽（包括蛇、鼠等）跨越在裸露的带电导体之间或带电导体与接地物体之间，以及咬坏设备和导线电缆的绝缘，会导致短路。

3.1.2　短路的后果

短路后，系统中出现的短路电流（Short-Circuit Current）比正常负荷电流大得多。在大电力系统中，短路电流可达几万安甚至几十万安。如此大的短路电流可对供电系统造成极大的危害。

（1）短路时要产生很大的电动力和很高的温度，使故障元件和短路电路中的其他元件受到损害和破坏，甚至引发火灾事故。

（2）短路时电路的电压骤然下降，严重影响电气设备的正常运行。

（3）短路时保护装置动作，将故障电路切除，从而造成停电，而且短路点越靠近电源，停电范围越大，造成的损失也越大。

（4）严重的短路会影响电力系统运行的稳定性，可使并列运行的发电机组失去同步，造成系统解列。

（5）不对称短路包括单相短路和两相短路，其短路电流将产生较强的不平衡交流电磁场，对附近的通信线路、电子设备等产生电磁干扰，影响其正常运行，甚至使之发生误动作。

由此可见，短路的后果是十分严重的，因此必须尽力设法消除可能引起短路的一切因素；同时需要进行短路电流的计算，以便正确地选择电气设备，使设备具有足够的动稳定性和热稳定性，以保证它在最大短路电流时不致损坏。为了选择切除短路故障的开关电器、整定短路保护的继电保护装置和选择限制短路电流的元件（如电抗器）等，也必须计算短路电流。

3.1.3 短路的形式

在三相系统中，短路的形式有三相短路、两相短路、单相短路和两相接地短路等，如图 3-1 所示。其中两相接地短路，实质与两相短路相同。

（a）三相短路　　　　（b）两相短路　　　　（c）单相短路

（d）单相短路　　　　（e）两相接地短路　　　　（f）两相接地短路

k$^{(3)}$—三相短路；k$^{(2)}$—两相短路；k$^{(1)}$—单相短路；k$^{(1.1)}$—两相接地短路。

图 3-1　短路的形式（虚线表示短路电流路径）

按短路电路的对称性来分，三相短路属于对称短路，其他形式短路均为不对称短路。电力系统中，发生单相短路的可能性最大，而发生三相短路的可能性最小。但一般情况下，特别是远离电源（发电机）的工厂供电系统中，三相短路电流最大，它造成的危害也最为严重。为了使电力系统中的电气设备在最严重的短路状态下也能可靠地工作，因此在作为选择和校验电气设备用的短路计算中，以三相短路计算为主。实际上，不对称短路也可以按对称分量法将不对称的短路电流分解为对称的正序、负序和零序分量，然后按对称量来分析和计算。所以，对称的三相短路分析计算也是不对称短路分析计算的基础。

3.2　无限大容量电力系统发生三相短路时的物理过程和物理量

3.2.1　无限大容量电力系统及其发生三相短路时的物理过程

无限大容量电力系统，是指供电容量相对于用户供电系统容量大得多的电力系统。其特点是，当用户供电系统的负荷变动甚至发生短路时，电力系统变电所馈电母线上的电压能基本维持不变。如果电力系统的电源总阻抗不超过短路电路总阻抗的 10%，或者当电力系统容量超过用户供电系统容量的 50 倍时，可将电力系统视为无限大容量系统。

对一般工厂供电系统来说，由于工厂供电系统的容量远比电力系统总容量小，而阻抗又较电力系统大得多，因此工厂供电系统内发生短路时，电力系统变电所馈电母线上的电压几乎维持不变，也就是说可将电力系统视为无限大容量的电源。

（a）三相短路电路图

（b）等效单相电路图

图 3-2　无限大容量电力系统发生三相短路

图 3-2 是一个无限大容量电力系统发生三相短路时的电路图和等效单相电路图。图 3-2（a）是一个电源为无限大容量电力系统发生三相短路的电路图。图中 R_{WL}、X_{WL} 为线路（WL）的电阻和电抗，R_L、X_L 为负荷（L）的电阻和电抗。由于三相短路对称，因此这一三相短路电路可用图 3-2（b）所示的等效单相电路来分析和研究。

供电系统正常运行时，电路中的电流取决于电源电压和电路中所有元件（包括负荷在内）的所有阻抗。当发生三相短路时，由于负荷阻抗和部分线路阻抗被短路，因此电路电流根据欧姆定律要突然增大。但是由于电路中存在着电感，根据楞次定律，电流不能突变，因而引起一个过渡过程，即短路暂态过程。最后短路电流达到一个新的稳定状态。

图 3-3 表示无限大容量电力系统发生三相短路前后的电压、电流变动曲线。其中短路电流周期分量（Periodic Component of Short-Circuit Current）i_p 是指由于短路后电路阻抗突然减小很多，而按欧姆定律应突然增大很多的电流。短路电流非周期分量（Non-Periodic Component of Short-Circuit Current）i_{np} 是因短路电路存在电感，而按楞次定律电路中感生的用以维持短路初瞬间（$t=0$ 时）电路电流不致突变的一个反向抵消 $i_{p(0)}$ 且按指数函数规律衰减的电流。短路电流周期分量 i_p 与短路电流非周期分量 i_{np} 的叠加，就是短路全电流（Short-Circuit Whole-Current）。短路电流非周期分量 i_{np} 衰减完毕后的短路电流，称为短路稳态电流，其有效值用 i_∞ 表示。

图 3-3　无限大容量电力系统发生三相短路前后的电压、电流变动曲线

3.2.2　短路有关的物理量

1．短路电流周期分量

假设在电压 $u=0$ 时发生三相短路，如图 3-3 所示。短路电流周期分量为

$$i_\text{p} = I_\text{km}\sin(\omega t - \phi_\text{k}) \tag{3-1}$$

式中，$I_\text{km}=U/(\sqrt{3}|Z_\Sigma|)$，为短路电流周期分量幅值，其中 $|Z_\Sigma|=\sqrt{R_\Sigma^2+X_\Sigma^2}$ 为短路电路总阻抗 [模]；$\phi_\text{k}=\arctan(X_\Sigma/R_\Sigma)$ 为短路电路的阻抗角。

由于短路电路的 $X_\Sigma \gg R_\Sigma$，因此 $\phi_\text{k}\approx90°$。故短路初瞬间（$t=0$ 时）的短路电流周期分量为

$$i_\text{p(0)} = -I_\text{km} = -\sqrt{2}I'' \tag{3-2}$$

式中，I'' 为短路次暂态电流有效值，即短路后第一个周期的短路电流周期分量 i_p 的有效值。

2．短路电流非周期分量

由于短路电路存在电感，因此在突然短路时，电路的电感要感生一个电动势，以维持短路初瞬间（$t=0$ 时）电路内的电流和磁链不致突变。电感的感应电动势所产生的与初瞬间短路电流周期分量反向的这一电流，即短路电流非周期分量。

短路电流非周期分量的初始绝对值为

$$i_\text{np(0)} = |i_0 - I_\text{km}| \approx I_\text{km} = \sqrt{2}I'' \tag{3-3}$$

由于短路电路还存在电阻，因此短路电流非周期分量逐渐衰减。电路内的电阻越大或电感越小，衰减越快。

短路电流非周期分量是按指数函数衰减的，其表达式为

$$i_\text{np} = i_\text{np(0)}\text{e}^{\frac{t}{\tau}} \approx \sqrt{2}I''\text{e}^{\frac{t}{\tau}} \tag{3-4}$$

式中，$\tau=L_\Sigma/R_\Sigma=X_\Sigma/314R_\Sigma$，称为短路电流非周期分量衰减时间常数，或称为短路电路时间常数，它就是使 i_np 由最大值按指数函数衰减到最大值的 $1/\text{e}=0.3679$ 时所需的时间。

3．短路全电流

短路电流周期分量 i_p 与短路电流非周期分量 i_np 之和，即短路全电流 i_k。而某一瞬间 t 的短路全电流有效值 $I_\text{k}(t)$，则是以时间 t 为中点的一个周期内的 i_p 有效值 $I_\text{p}(t)$ 与 $i_\text{np}(t)$ 在某一瞬间 t 的均方根值，即

$$I_\text{k}(t) = \sqrt{I_\text{p}(t)^2 + i_\text{np}(t)^2} \tag{3-5}$$

4．短路冲击电流

短路冲击电流（Short-Circuit Shock Current）为短路全电流中的最大瞬时值。由图 3-3 所示的短路全电流 i_k 的曲线可以看出，短路后经半个周期（即 0.01s），i_k 达到最大值，此时的短路全电流即短路冲击电流 i_sh。

短路冲击电流按下式计算：

$$i_\text{sh} = i_\text{p(0.01)} + i_\text{np(0.01)} \approx \sqrt{2}I''(1+\text{e}^{\frac{0.01}{\tau}}) \tag{3-6}$$

或
$$i_{sh} \approx K_{sh}\sqrt{2}I''$$ （3-7）

式中，K_{sh} 为短路电流冲击系数。

由式（3-6）和式（3-7）可知，短路电流冲击系数为

$$K_{sh} = 1 + e^{-\frac{0.01}{\tau}} = 1 + e^{-\frac{0.01R_{\Sigma}}{L_{\Sigma}}}$$ （3-8）

由式（3-8）可知，当 $R_{\Sigma} \to 0$ 时，$K_{sh} \to 2$；当 $L_{\Sigma} \to 0$ 时，$K_{sh} \to 1$；因此 $K_{sh}=1\sim2$。

短路全电流 i_k 的最大有效值是短路后第一个周期的短路电流有效值，用 I_{sh} 表示，也可称为短路冲击电流有效值，用下式计算：

$$I_{sh} = \sqrt{I_{p(0.01)}^2 + i_{np(0.01)}^2} \approx \sqrt{I''^2 + (\sqrt{2}I''e^{-\frac{0.01}{\tau}})^2}$$

或
$$I_{sh} \approx \sqrt{1 + 2(K_{sh}-1)^2}\, I''$$ （3-9）

在高压电路发生三相短路时，一般可取 $K_{sh}=1.8$，因此

$$i_{sh} = 2.55I''$$ （3-10）

$$I_{sh} = 1.51I''$$ （3-11）

在 1000kVA 及以下的电力变压器和低压电路中发生三相短路时，一般可取 $K_{sh}=1.3$，因此

$$i_{sh} = 1.84I''$$ （3-12）

$$I_{sh} = 1.09I''$$ （3-13）

5. 短路稳态电流

短路稳态电流是短路电流非周期分量衰减完毕以后的短路全电流，其有效值用 I_{∞} 表示。

在无限大容量电力系统中，由于系统馈电母线电压维持不变，因此其短路电流周期分量有效值（习惯上用 I_k 表示）在短路的全过程中维持不变，即 $I'' = I_{\infty} = I_k$。

为了表明短路的类别，凡是三相短路电流，可在相应的电流符号右上角标（3），例如，三相短路稳态电流写作 $I_{\infty}^{(3)}$。同样地，两相或单相短路电流，则在相应的电流符号右上角分别标（2）或（1），而两相接地短路，则标注（1.1）。在不引起混淆时，三相短路电流各量可不标注（3）。

3.3 无限大容量电力系统中短路电流的计算

3.3.1 概述

进行短路电流计算，首先要绘出计算电路图，如图 3-4 所示。在计算电路图上，应将短路计算所需考虑的各元件的额定参数都表示出来，并将各元件依次编号后确定短路计算点。短路计算点要选择能够使需要进行短路校验的电气元件有最大短路电流通过。其次，按所选择的短路计算点绘出等效电路图，如图 3-5 所示，并计算电路中各主要元件的阻抗。在等效电路图上，只需将被计算的短路电流所流经的主要元件表示出来，并标明各元件的序号和阻抗值，一般是分子标序号，分母标阻抗值（阻抗用复数形式 $R + jX$ 表示）。然后将等效电路化简。对于工厂供电系统来说，由于将电力系统当作无限大容量的电源，而且短路电路比较简单，因此通常只需采用阻抗串并联的方法即可将电路化简，求出其等效的总阻抗。最后计算短路电流和短路容量。

一般短路计算中相关物理量在工程设计中采用下列单位：电流单位为"千安"（kA），电压单位为"千伏"（kV），短路容量和断流容量单位为"兆伏安"（MVA），设备容量单位为"千瓦"（kW）或"千伏安"（kVA），阻抗单位为"欧姆"（Ω）等。但是请注意：本书计算公式中各物理量单位除个别经验公式或简化公式外，一律采用国际单位制（SI 制）的基本单位"安"（A）、"伏"（V）、"瓦"（W）、"伏安"（VA）、"欧姆"（Ω）等。因此后面导出的各个公式一般不标注物理量单位。若采用工程设计中常用的单位计算，则需注意所用公式中各物理量单位的换算系数。

常用的短路电流的计算方法，有欧姆法和标幺值法。

3.3.2 采用欧姆法进行三相短路计算

欧姆法又称有名单位制法，因其短路计算中的阻抗都采用有名单位"欧姆"而得名。

在无限大容量电力系统中发生三相短路时，其三相短路电流周期分量有效值按下式计算：

$$I_k^{(3)} = \frac{U_c}{\sqrt{3}|Z_\Sigma|} = \frac{U_c}{\sqrt{3}\sqrt{R_\Sigma^2 + X_\Sigma^2}} \tag{3-14}$$

式中，$|Z_\Sigma|$、R_Σ 和 X_Σ 分别为短路电路的总阻抗[模]、总电阻和总电抗值；U_c 为短路点的短路计算电压（或称平均额定电压）。由于线路首端短路时其短路最为严重，因此按线路首端电压考虑，即短路计算电压取比线路额定电压 U_N 高 5% 的值，按我国电压标准，U_c 有 0.4kV、0.69kV、3.15kV、6.3kV、10.5kV、37kV、69kV、115kV、230kV 等。

在高压电路的短路计算中，通常总电抗远比总电阻大，所以一般只计电抗，不计电阻。在计算低压侧短路时，仅当 $R_\Sigma > X_\Sigma/3$ 时才需计入电阻。

如果不计电阻，则三相短路电流周期分量有效值为

$$I_k^{(3)} = \frac{U_c}{\sqrt{3}X_\Sigma} \tag{3-15}$$

三相短路容量为

$$S_k^{(3)} = \sqrt{3}U_c I_k^{(3)} \tag{3-16}$$

下面介绍供电系统中各主要元件（包括电力系统、电力变压器和电力线路）的阻抗计算。至于供电系统中的母线、线圈型电流互感器一次绕组、低压断路器过电流脱扣线圈等的阻抗及开关触头的接触电阻，相对来说很小，在短路计算中可略去不计。在略去上述阻抗后，计算所得的短路电流略比实际值偏大，但用略偏大的短路电流来校验电气设备，却可以使其运行的安全性更有保证。

1. 电力系统的阻抗计算

电力系统的电阻相对于电抗来说很小，一般不予考虑。电力系统的电抗，可由电力系统变电站馈电线出口断路器的断流容量 S_{oc} 来估算，S_{oc} 可看作电力系统的极限短路容量 S_k。因此电力系统的电抗为

$$X_s = \frac{U_c^2}{S_{oc}} \tag{3-17}$$

式中，U_c 为电力系统馈电线的短路计算电压，但为了便于短路电路总阻抗的计算，免去阻抗换算的麻烦，此式中的 U_c 可直接采用短路点的短路计算电压；S_{oc} 为系统出口断路器的断流容量，可查有关手册或产品样本，若只有断路器的开断电流 I_{oc} 数据，则其断流容量 $S_{oc} = \sqrt{3}I_{oc}U_N$，

这里 U_N 为断路器的额定电压。

2．电力变压器的阻抗计算

（1）电力变压器的电阻 R_T 可由电力变压器的短路损耗 ΔP_k 近似计算。

因
$$\Delta P_k \approx 3I_N^2 R_T \approx 3\left(\frac{S_N}{\sqrt{3}U_c}\right)^2 R_T = \left(\frac{S_N}{U_c}\right)^2 R_T$$

故
$$R_T \approx \Delta P_k \left(\frac{U_c}{S_N}\right)^2 \tag{3-18}$$

式中，U_c 为短路点的短路计算电压；S_N 为电力变压器的额定容量；ΔP_k 为电力变压器的短路损耗（又称负载损耗），可查有关手册或产品样本。

（2）电力变压器的电抗 X_T 可由电力变压器的短路电压 $U_k\%$ 近似地计算。

因
$$U_k\% \approx \frac{\sqrt{3}I_N X_T}{U_c} \times 100 \approx \frac{S_N X_T}{U_c^2} \times 100$$

故
$$X_T = \frac{U_k\%}{100} \cdot \frac{U_c^2}{S_N} \tag{3-19}$$

式中，$U_k\%$ 为电力变压器的短路电压（又称阻抗电压）百分值，可查有关手册或产品样本。

3．电力线路的阻抗计算

（1）线路的电阻 R_{WL} 可由导线电缆的单位长度电阻乘以线路长度求得，即
$$R_{WL} = R_0 l \tag{3-20}$$
式中，R_0 为导线电缆单位长度的电阻，可查有关手册或产品样本；l 为线路长度。

（2）线路的电抗 X_{WL} 可由导线电缆的单位长度电抗乘以线路长度求得，即
$$X_{WL} = X_0 l \tag{3-21}$$
式中，X_0 为导线电缆单位长度的电抗，亦可查有关手册或产品样本；l 为线路长度。

这里要说明：三相线路导线电缆单位长度的电抗，要根据导线截面和线间几何均距查得。三相线路的排列布置及线间距离如图 3-4 所示。设三相线路线间距离分别为 a_1、a_2、a_3，如图 3-4（a）所示，则线间几何均距 $a_{av} = \sqrt[3]{a_1 a_2 a_3}$。当三相线路为等边三角形排列时，每边线间距离为 a，如图 3-4（b），则 $a_{av} = \sqrt[3]{2}a = 1.26a$。当三相线路为等距水平排列时，相邻线间距离为 a，如图 3-4（c）所示，则 $a_{av} = a$。

（a）一般情况　　　　　　　（b）等边三角形排列　　　　　　（c）等距水平排列

图 3-4　三相线路的排列布置及线间距离

如果线路的结构数据不详，X_0 可按表 3-1 取其电抗平均值。

表 3-1 电力线路每相的单位长度电抗平均值 单位：Ω/km

线 路 结 构	线 路 电 压		
	35kV 及以上	6～10kV	220/380V
架空线路	0.40	0.35	0.32
电缆线路	0.12	0.08	0.066

求出短路电路中各元件的阻抗后，化简短路电路，求出其总阻抗。按式（3-14）或式（3-15）计算短路电流周期分量有效值 $I_k^{(3)}$。其他短路电流的计算公式见 3.2 节。

必须注意：在计算短路电路阻抗时，若电路内含有电力变压器，则电路内各元件的阻抗都应统一换算到短路点的短路计算电压，阻抗等效换算的条件是元件的功率损耗不变。

由 $\Delta P = U^2/R$ 和 $\Delta Q = U^2/X$ 可知，元件的阻抗值与电压的平方成正比，因此阻抗等效换算的公式为

$$R' = R\left(\frac{U_c'}{U_c}\right) \qquad (3\text{-}22)$$

$$X' = X\left(\frac{U_c'}{U_c}\right)^2 \qquad (3\text{-}23)$$

式中，R、X 和 U_c 为换算前元件的电阻、电抗和短路点的短路计算电压；R'、X' 和 U_c' 为换算后元件的电阻、电抗和短路点的短路计算电压。

就短路计算中需要计算的几个主要元件的阻抗来说，实际上只有电力线路的阻抗需要按上列公式换算。例如，计算低压侧短路电流时，高压线路的阻抗就需要换算到低压侧去。而电力系统和电力变压器的阻抗，由于其计算公式中均含有 U_c^2，因此计算其阻抗时，可将短路点的计算电压直接代入 U_c，相当于阻抗已经换算到短路计算点一侧了。

例 3-1 某供电系统如图 3-5 所示。已知电力系统出口断路器为 SN10-10Ⅱ型。试求工厂变电所高压 10kV 母线上 k-1 点和低压 380V 母线上 k-2 点的三相短路电流和三相短路容量。

图 3-5 例 3-1 的短路计算电路图

解： 1. 求 k-1 点的三相短路电流和三相短路容量（$U_{c1} = 10.5\text{kV}$）

利用欧姆法计算元件电抗并画出短路等效电路图，如图 3-6 所示。

1）计算短路电路中各元件的电抗及总电抗

（1）电力系统的电抗：查附录表 12，得 SN10-10Ⅱ型断路器的断流容量 $S_{oc} = 500\text{MVA}$，因此

$$X_1 = \frac{U_{c1}^2}{S_{oc}} = \frac{(10.5\text{kV})^2}{500\text{MVA}} = 0.22\Omega$$

(a) k-1点短路的等效电路图

(b) k-2点短路的等效电路图

图 3-6 例 3-1 的短路等效电路图（欧姆法）

（2）架空线路的电抗：由表 3-1 查得 $X_0 = 0.35\Omega/\text{km}$，因此

$$X_2 = X_0 l = 0.35(\Omega/\text{km}) \times 5\text{km} = 1.75\Omega$$

（3）k-1 点短路的等效电路图如图 3-6（a）所示。

在图上标出各元件的序号（分子）和电抗值（分母），并计算其总电抗为

$$X_{\Sigma(\text{k-1})} = X_1 + X_2 = 0.22\Omega + 1.75\Omega = 1.97\Omega$$

2）计算三相短路电流和三相短路容量

（1）三相短路电流周期分量有效值为

$$I_{\text{k-1}}^{(3)} = \frac{U_{\text{c1}}}{\sqrt{3}X_{\Sigma(\text{k-1})}} = \frac{10.5\text{kV}}{\sqrt{3} \times 1.97\Omega} = 3.08\text{kA}$$

（2）三相短路次暂态电流和稳态电流为

$$I''^{(3)} = I_\infty^{(3)} = I_{\text{k-1}}^{(3)} = 3.08\text{kA}$$

（3）三相短路冲击电流及第一个周期短路全电流有效值为

$$i_{\text{sh}}^{(3)} = 2.55 I''^{(3)} = 2.55 \times 3.08\text{kA} = 7.85\text{kA}$$

$$I_{\text{sh}}^{(3)} = 1.51 I''^{(3)} = 1.51 \times 3.08\text{kA} = 4.65\text{kA}$$

（4）三相短路容量为

$$S_{\text{k-1}}^{(3)} = \sqrt{3}U_{\text{c1}}I_{\text{k-1}}^{(3)} = \sqrt{3} \times 10.5\text{kV} \times 3.08\text{kA} = 56.0\text{MVA}$$

2. 求 k-2 点的三相短路电流和三相短路容量（$U_{\text{c2}} = 0.4\text{kV}$）

1）计算短路电路中各元件的电抗及总电抗

（1）电力系统的电抗为

$$X_1' = \frac{U_{\text{c2}}^2}{S_{\text{oc}}} = \frac{(0.4\text{kV})^2}{500\text{MVA}} = 3.2 \times 10^{-4}\Omega$$

（2）架空线路的电抗为

$$X_2' = X_0 l \left(\frac{U_{\text{c2}}}{U_{\text{c1}}}\right)^2 = 0.35(\Omega/\text{km}) \times 5\text{km} \times \left(\frac{0.4\text{kV}}{10.5\text{kV}}\right)^2 = 2.54 \times 10^{-3}\Omega$$

（3）电力变压器的电抗：查附录表 9 得 $U_k\% = 5$，因此

$$X_3 = X_4 \approx \frac{U_k\%}{100} \cdot \frac{U_{\text{c2}}^2}{S_N} = \frac{5}{100} \times \frac{(0.4\text{kV})^2}{800\text{kVA}} = 0.01\Omega$$

56

（4）k-2 点短路的等效电路图如图 3-6（b）所示，并计算其总电抗为

$$X_{\Sigma(k-2)} = X_1 + X_2 + X_3 // X_4 = X_1 + X_2 + \frac{X_3 X_4}{X_3 + X_4}$$

$$= 3.2\times10^{-4}\Omega + 2.54\times10^{-3}\Omega + \frac{0.01\Omega}{2} = 7.86\times10^{-3}\Omega$$

2）计算三相短路电流和三相短路容量

（1）三相短路电流周期分量有效值为

$$I_{k-2}^{(3)} = \frac{U_{c2}}{\sqrt{3}X_{\Sigma(k-2)}} = \frac{0.4\text{kV}}{\sqrt{3}\times6.86\times10^{-3}\Omega} = 33.7\text{kA}$$

（2）三相短路次暂态电流和稳态电流为

$$I''^{(3)} = I_\infty^{(3)} = I_{k-2}^{(3)} = 33.7\text{kA}$$

（3）三相短路冲击电流及第一个周期短路全电流有效值为

$$i_{sh}^{(3)} = 1.84 I''^{(3)} = 1.84\times33.7\text{kA} = 62.0\text{kA}$$

$$I_{sh}^{(3)} = 1.09 I''^{(3)} = 1.09\times33.7\text{kA} = 36.7\text{kA}$$

（4）三相短路容量为

$$S_{k-2}^{(3)} = \sqrt{3}U_{c2}I_{k-2}^{(3)} = \sqrt{3}\times0.4\text{kV}\times33.7\text{kA} = 23.3\text{MVA}$$

在工程设计说明书中，往往列出短路计算表，如表 3-2 所示。

表 3-2　例 3-1 的短路计算表

短路计算点	三相短路电流/kA					三相短路容量/MVA
	$I_k^{(3)}$	$I''^{(3)}$	$I_\infty^{(3)}$	$i_{sh}^{(3)}$	$I_{sh}^{(3)}$	$S_k^{(3)}$
k-1	3.08	3.08	3.08	7.85	4.65	56.0
k-2	33.7	33.7	33.7	62.0	36.7	23.3

3.3.3　采用标幺制法进行三相短路计算

标幺制法又称相对单位制法，因其短路计算中的有关物理量采用标幺值（即相对单位）而得名。任一物理量的标幺值 A_d^*，为该物理量的实际量 A 与所选定的基准值（Datum Value）A_d 的比值，即

$$A_d^* = \frac{A}{A_d} \tag{3-24}$$

采用标幺制法进行三相短路计算时，一般先选定基准容量 S_d 和基准电压 U_d。工程设计中基准容量通常取 $S_d=100\text{MVA}$。基准电压通常取元件所在处的短路计算电压，即取 $U_d=U_c$。选定了基准容量和基准电压以后，基准电流 I_d 按下式计算：

$$I_d = \frac{S_d}{\sqrt{3}U_d} = \frac{S_d}{\sqrt{3}U_c} \tag{3-25}$$

基准电抗 X_d 则按下式计算：

$$X_d = \frac{U_d}{\sqrt{3}I_d} = \frac{U_c^2}{S_d} \tag{3-26}$$

下面分别讲述供电系统中各主要元件电抗标幺值的计算（取 $S_d=100\text{MVA}$，$U_d=U_c$）。

（1）电力系统的电抗标幺值为

$$X_S^* = \frac{X_S}{X_d} = \frac{U_c^2/S_{oc}}{U_c^2/S_d} = \frac{S_d}{S_{oc}} \tag{3-27}$$

（2）电力变压器的电抗标幺值为

$$X_T^* = \frac{X_T}{X_d} = \frac{U_k\%}{100} \cdot \frac{U_c^2}{S_N} / \frac{U_c^2}{S_d} = \frac{U_k\% S_d}{100 S_N} \tag{3-28}$$

（3）电力线路的电抗标幺值为

$$X_{WL}^* = \frac{X_{WL}}{X_d} = \frac{X_0 l}{U_c^2/S_d} = X_0 l \frac{S_d}{U_c^2} \tag{3-29}$$

短路计算中各主要元件的电抗标幺值求出以后，即可利用其等效电路图（参看图 3-7）进行电路的化简，求出其总电抗标幺值 X_Σ^*。由于各元件均采用标幺值，与短路计算点的电压无关，因此电抗标幺值无须进行电压换算，这也是标幺制法较欧姆法的优越之处。

无限大容量系统三相短路电流周期分量有效值的标幺值按下式计算（注：下式未计电阻，因标幺制法一般用于高压电路短路计算，通常只计电抗）：

$$I_k^{(3)*} = \frac{I_k^{(3)}}{I_d} = \frac{U_c/\sqrt{3}X_\Sigma}{S_d/\sqrt{3}U_c} = \frac{U_c^2}{S_d X_\Sigma} = \frac{1}{X_\Sigma^*} \tag{3-30}$$

由此可求得三相短路电流周期分量有效值为

$$I_k^{(3)} = \sqrt{3} I_k^{(3)} U_c = \frac{\sqrt{3} I_d U_c}{X_\Sigma^*} = \frac{S_d}{X_\Sigma^*} \tag{3-31}$$

求得 $I_k^{(3)}$ 以后，即可利用欧姆法有关的公式求出 $I''^{(3)}$、$I_\infty^{(3)}$、$i_{sh}^{(3)}$、$I_{sh}^{(3)}$ 等。

三相短路容量的计算公式为

$$S_k^{(3)} = \sqrt{3} I_k^{(3)} U_c = \frac{\sqrt{3} I_d U_c}{X_\Sigma^*} = \frac{S_d}{X_\Sigma^*} \tag{3-32}$$

例 3-2 试采用标幺制法计算例 3-1 所示供电系统中 k-1 点和 k-2 点的三相短路电流和三相短路容量。

解：1. 确定基准值

取 $S_d = 100MVA$，$U_{c1} = 10.5kV$，$U_{c2} = 0.4kV$，则

$$I_{d1} = \frac{S_d}{\sqrt{3}U_{c1}} = \frac{100MVA}{\sqrt{3} \times 10.5kV} = 5.50kA$$

$$I_{d2} = \frac{S_d}{\sqrt{3}U_{c2}} = \frac{100MVA}{\sqrt{3} \times 0.4kV} = 144kA$$

2. 计算短路电路中各主要元件的电抗标幺值

1）电力系统的电抗标幺值

查得 $S_{oc} = 500MVA$，因此

$$X_1^* = \frac{S_d}{S_{oc}} = \frac{100MVA}{500MVA} = 0.2$$

2）架空线路的电抗标幺值

由表 3-1 查得 $X_0 = 0.35\Omega/km$，因此

$$X_2^* = X_0 l \frac{S_d}{U_{c1}^2} = 0.35(\Omega/km) \times 5km \times \frac{100MVA}{(10.5kV)^2} = 1.59$$

3）电力变压器的电抗标幺值

查得 $U_k\% = 5$ ，因此

$$X_3^* = X_4^* = \frac{5 \times 100MVA}{100 \times 1000kVA} = \frac{5 \times 100 \times 10^3 kVA}{100 \times 1000kVA} = 5.0$$

短路等效电路图如图 3-7 所示，图上标出各元件的序号和标幺值，并标明短路计算点。

图 3-7　例 3-2 的短路等效电路图（标幺制法）

3．计算 k-1 点的短路电路总电抗标幺值及三相短路电流和三相短路容量

1）总电抗标幺值

$$X_{\Sigma(k-1)}^* = X_1^* + X_2^* = 0.2 + 1.59 = 1.79$$

2）三相短路电流周期分量有效值

$$I_{k-1}^{(3)} = \frac{I_{d1}}{X_{\Sigma(k-1)}^*} = \frac{5.5kA}{1.79} = 3.07kA$$

3）其他三相短路电流

$$I''^{(3)} = I_\infty^{(3)} = I_{k-1}^{(3)} = 3.07kA$$

$$i_{sh}^{(3)} = 2.55 I''^{(3)} = 2.55 \times 3.07kA = 7.83kA$$

$$I_{sh}^{(3)} = 1.51 I''^{(3)} = 1.51 \times 3.07kA = 4.64kA$$

4）三相短路容量

$$S_{k-1}^{(3)} = \frac{S_d}{X_{\Sigma(k-1)}^*} = \frac{100MVA}{1.79} = 55.9MVA$$

4．计算 k-2 点的短路电路总电抗标幺值及三相短路电流和三相短路容量

1）总电抗标幺值

$$X_{\Sigma(k-2)}^* = X_1^* + X_2^* + X_3^*//X_4^* = 0.2 + 1.59 + \frac{5.0}{2} = 4.29$$

2）三相短路电流周期分量有效值

$$I_{k-2}^{(3)} = \frac{I_{d2}}{X_{\Sigma(k-2)}^*} \frac{144kA}{4.29} = 33.6kA$$

3）其他三相短路电流

$$I''^{(3)} = I_\infty^{(3)} = I_{k-2}^{(3)} = 33.6kA$$

$$i_{sh}^{(3)} = 1.84 \times 33.6kA = 61.8kA$$

$$I_{sh}^{(3)} = 1.09 \times 33.6kA = 36.6kA$$

4）三相短路容量

$$S_{k-2}^{(3)} = \frac{S_d}{X_{\Sigma(k-2)}^*} = \frac{100\text{MVA}}{4.29} = 23.3\text{MVA}$$

由此可见，采用标幺制法的计算结果与例 3-1 采用欧姆法的计算结果基本相同。

3.4 短路电流的效应和稳定度校验

3.4.1 概述

通过上述短路计算得知，供电系统中发生短路时，短路电流是相当大的。如此大的短路电流通过电器和导体，一方面要产生很大的电动力，即电动效应；另一方面要产生很高的温度，即热效应。这两种短路效应，对电器和导体的安全运行威胁极大，因此这里要研究短路电流的效应及稳定度校验的问题。

3.4.2 短路电流的电动效应和动稳定度

供电系统短路时，短路电流（特别是短路冲击电流）将使相邻导体之间产生很大的电动力，有可能使电器和载流部分遭受严重破坏。为此，要使电路元件能承受短路时最大电动力的作用，电路元件必须具有足够的动稳定度。

1. 短路时的最大电动力

由"电工原理"课程可知，处在空气中的两平行导体分别通以电流 i_1、i_2（单位为 A）时，两导体间的电磁互作用力，即电动力（单位为 N）的表达式为

$$F = \mu_0 i_1 i_2 \frac{l}{2\pi a} \times 10^{-7} \tag{3-33}$$

式中，a 为两导体轴线间距离；l 为导体的两相邻支持点间距离，即档距（又称跨距）；μ_0 为真空和空气的磁导率，$\mu_0 = 4\pi \times 10^{-7}\,\text{N/A}^2$。

式（3-33）适用于实心或空心的圆截面导体，也适用于导体间的净空距离大于导体截面周长的矩形截面导体。因此式（3-33）对于每相只有一条矩形截面导体的线路都是适用的。

若三相线路中发生两相短路，则两相短路冲击电流 $i_{sh}^{(2)}$ 通过导体时产生的电动力最大，其值（单位为 N）为

$$F^{(2)} = 2i_{sh}^{(2)2} \cdot \frac{l}{a} \times 10^{-7} \tag{3-34}$$

若三相线路中发生三相短路，则三相短路冲击电流 $i_{sh}^{(3)}$ 在中间相产生的电动力最大，其值（单位为 N）为

$$F^{(3)} = \sqrt{3} i_{sh}^{(3)2} \cdot \frac{l}{a} \times 10^{-7} \tag{3-35}$$

由于三相短路冲击电流 $i_{sh}^{(3)}$ 与两相短路冲击电流 $i_{sh}^{(2)}$ 有下列关系：$i_{sh}^{(3)}/i_{sh}^{(2)} = 2\sqrt{3}$，因此三相短路与两相短路产生的最大电动力之比为

$$F^{(3)}/F^{(2)} = 2/\sqrt{3} = 1.15 \tag{3-36}$$

由此可见，在无限大容量电力系统中发生三相短路时，中间相导体所受的电动力比两相

短路时导体所受的电动力大，因此校验电器和载流部分的短路动稳定度，一般应采用三相短路冲击电流 $i_{sh}^{(3)}$ 或短路后第一个周期的三相短路全电流有效值 $I_{sh}^{(3)}$。

2．短路动稳定度的校验条件

1）一般电器的动稳定度校验条件

按下列公式校验：

$$i_{max} \geqslant i_{sh}^{(3)} \tag{3-37}$$

$$I_{max} \geqslant I_{sh}^{(3)} \tag{3-38}$$

式中，i_{max} 和 I_{max} 分别为电器的动稳定电流峰值和有效值，可查有关手册或产品样本。

2）绝缘子的动稳定度校验条件

按下列公式校验：

$$F_{al} \geqslant F_{c}^{(3)} \tag{3-39}$$

式中，F_{al} 为绝缘子的最大允许载荷，可查有关手册或产品样本；若手册或产品样本给出的是绝缘子的抗弯破坏负荷值，则可将其抗弯破坏负荷值乘以 0.6 作为 F_{al} 值；$F_{c}^{(3)}$ 为三相短路时作用于绝缘子上的计算力；图 3-8 为水平排列的母线平放与竖放的布置简图，若母线在绝缘子上为平放，则 $F_{c}^{(3)}$ 按式（3-35）计算，即 $F_{c}^{(3)}=F^{(3)}$；若母线为竖放，则 $F_{c}^{(3)}=1.4F^{(3)}$。

|（a）平放|（b）竖放|

图 3-8　水平排列的母线

3）硬母线的动稳定度校验条件

按下列公式校验：

$$\sigma_{al} \geqslant \sigma_{c} \tag{3-40}$$

式中，σ_{al} 为母线材料的最大允许应力（单位为 Pa），硬铜母线（TMY 型）的 $\sigma_{al}=140\text{MPa}$，硬铝母线（LMY）的 $\sigma_{al}=70\text{MPa}$。

最大计算应力 σ_{c} 按下式计算：

$$\sigma_{c} = \frac{M}{W} \tag{3-41}$$

式中，M 为母线通过 $i_{sh}^{(3)}$ 时所受到的弯曲力矩；当母线档数为 $1\sim2$ 时，$M=F^{(3)}l/8$；当母线档数大于 2 时，$M=F^{(3)}l/10$；这里 $F^{(3)}$ 均按式（3-35）计算，l 为母线的档距，W 为母线的截面系数；当母线水平排列时，$W=b^2h/6$，这里 b 为母线截面的水平宽度，h 为母线截面的垂直高度。

注意：电缆的机械强度很好，无须校验其短路动稳定度。

3．对短路计算点附近交流电动机反馈冲击电流的考虑

当短路计算点附近所接交流电动机的额定电流之和超过系统短路电流的 1%时（根据 GB 50054—2011《低压配电设计规范》规定），或者交流电动机的总容量超过 100kW 时，应计入交流电动机在附近短路时反馈冲击电流的影响。

如图 3-9 所示，当交流电动机附近短路时，由于短路交流时电动机端电压骤降，致使交流电动机因其定子电动势反高于外施电压而向短路计算点反馈冲击电流，从而使短路计算点的短路冲击电流增大。

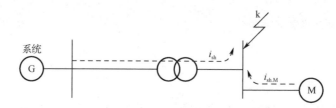

图 3-9　大容量交流电动机对短路计算点反馈冲击电流

当交流电动机进线端发生三相短路时，它反馈的最大短路电流瞬时值（交流电动机反馈冲击电流）可按下式计算：

$$i_{sh.M} = \sqrt{2}(E_M^{''*}/X_M^{''*})K_{sh.M}I_{N.M} = CK_{sh.M}I_{N.M} \tag{3-42}$$

式中，$E_M^{''*}$ 为电动机次暂态电动势标幺值，$X_M^{''*}$ 为电动机次暂态电抗标幺值，C 为电动机的反馈冲击倍数，以上各量如表 3-3 所示；$K_{sh.M}$ 为电动机的短路电流冲击系数，对 3～10kV 电动机可取 1.4～1.7，对 380V 电动机可取 1；$I_{N.M}$ 为电动机额定电流。

表 3-3　电动机的 $E_M^{''*}$、$X_M^{''*}$ 和 C 值

电动机类型	$E_M^{''*}$	$X_M^{''*}$	C	电动机类型	$E_M^{''*}$	$X_M^{''*}$	C
感应电动机	0.9	0.2	6.5	同步补偿机	1.2	0.16	10.6
同步电动机	1.1	0.2	7.8	综合性负荷	0.8	0.35	3.2

由于交流电动机在外电路短路后很快受到制动，因此它产生的反馈冲击电流衰减极快，因此在只考虑短路冲击电流的影响时才需计算电动机反馈冲击电流。

3.4.3　短路电流的热效应和热稳定度

导体通过正常负荷电流时，由于其具有电阻，因此会产生电能损耗。这种电能损耗转化为热能，一方面使导体温度升高，另一方面向周围介质散热。当导体内产生的热量与向周围介质散发的热量相等时，导体就维持在一定的温度值。当线路发生短路时，短路电流将使导体温度迅速升高。由于短路后线路的保护装置很快动作，以切除短路故障，因此短路电流通过导体的时间不长，通常不超过 3s。因此在短路过程中，可不考虑导体向周围介质的散热，即近似地认为导体在短路时间内是与周围介质绝热的，短路电流在导体中产生的热量，全部用来使导体的温度升高。

图 3-10 表示短路前后导体的温度变化情况。导体在短路前正常负荷时的温度为 θ_L。假设在 t_1 时刻发生短路，导体温度按指数规律迅速升高，而在 t_2 时刻线路保护装置将短路故障切除，这时导体温度已达到 θ_K。短路故障切除后，导体不再产生热量，而只按指数规律向周围介质散热，直到导体温度等于周围介质温度 θ_0 为止。

按照导体的允许发热条件，导体在正常负荷时和短路时的最高允许温度如附录表 11 所示。若导体和电器在短路时的发热温度不超过允许温度，则应认为导体和电器是满足短路热稳定度要求的。要确定导体短路后实际达到的最高温度 θ_K，应先求出短路期间实际的短路全电流 $I_{K(t)}$

或导体中产生的热量 Q_K。但是 i_K 和 $I_{K(t)}$ 都是幅值变动的电流，要计算其 Q_K 是相当困难的，因此一般采用一个恒定的短路稳态电流 I_∞ 来等效计算实际短路电流所产生的热量。

由于通过导体的短路电流实际上不是 i_K，因此假定一个时间 t_K，在此时间内，设导体通过 I_∞ 所产生的热量，恰好与实际短路电流 i_K 或 I_∞ 在实际短路时间 $I_{K(t)}$ 内所产生的热量相等。这一假定的时间，称为短路发热的假想时间（Imaginary Time），也称热效时间，用 t_{ima} 表示，如图 3-11 所示。

图 3-10　短路前后导体的温度变化

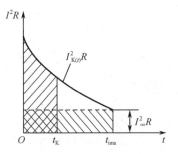

图 3-11　短路发热假想时间

本章小结

本章首先介绍了短路的原因、后果和形式，接着讲述了无限大容量电力系统发生三相短路时的物理过程及有关物理量，然后重点讲述了工厂供电系统三相短路、两相短路和单相短路的计算，最后讲述了短路电流的效应及稳定度校验条件。本章内容是工厂供电系统运行分析和设计计算的基础。第 2 章是讨论和计算供电系统在正常状态下运行的负荷，而本章则是讨论和计算供电系统在短路故障状态下产生的电流及其效应问题。

复习思考题

3-1　什么是短路？短路故障产生的原因有哪些？短路对电力系统有哪些危害？

3-2　短路有哪些形式？哪种短路形式的可能性（概率）最大？哪种短路形式的危害最为严重？

3-3　什么是无限大容量电力系统？它有什么特点？当无限大容量电力系统短路时，短路电流将如何变化？能否突然增大？

3-4　短路电流周期分量和短路电流非周期分量各是如何产生的？各符合什么定律？

3-5　什么是短路冲击电流？什么是短路次暂态电流？什么是短路后第一个周期短路全电流有效值？什么是短路稳态电流？

3-6　短路计算的欧姆法和标幺制法各有哪些特点？

3-7　什么是短路计算电压？它与线路额定电压有什么关系？

3-8　在无限大容量电力系统中，两相短路电流和单相短路电流各与三相短路电流有什么关系？

3-9　什么是短路电流的电动效应？它应该采用哪一个短路电流来计算？

3-10　当短路计算点附近有大容量交流电动机运行时，交流电动机对短路计算有什么影响？

习题

3-1 有一地区变电站通过一条长 4km 的 10kV 电缆线路供电给装有两台并列运行的 S9-800 型（Yyn0 联结）电力变压器的某厂变电所。地区变电站出口断路器的断流容量为 300MVA。试用欧姆法求该厂变电所 10kV 高压母线上和 380V 低压母线上的短路电流 $I_k^{(3)}$、$I''^{(3)}$、$I_\infty^{(3)}$、$i_{sh}^{(3)}$、$I_{sh}^{(3)}$ 和短路容量 $S_k^{(3)}$，并列出短路计算表。

3-2 试用标幺制法重做习题 3-1。

3-3 设习题 3-1 所述工厂变电所 380V 侧母线采用 80mm×10mm^2 的 LMY 铝母线，水平平放，两相邻母线轴线间距为 200mm，挡距为 0.9m，挡数大于 2。该母线上接有一台 500kW 的同步电动机，$\cos\varphi=1$ 时，$\eta=94\%$。试校验此母线的短路动稳定度。

3-4 设习题 3-3 所述 380V 母线的短路保护动作时间为 0.5s，低压断路器的断路时间为 0.05s。试校验此母线的短路热稳定度。

第4章 工厂变配电所及其一次系统

▶▶ **学习目标与重点**

　◇ 了解工厂变配电所的任务、类型和所址选择。
　◇ 掌握高压电器及工作特点。
　◇ 掌握低压电器及工作特点。
　◇ 了解工厂变配电所的主接线图。

▶▶ **关键术语**

变电所；高压电器；低压电器；主接线图

4.1 工厂变配电所的任务、类型及所址选择

4.1.1 工厂变配电所的任务与类型

工厂变电所任务：从电力系统受电，经变压后分配电能。

工厂配电所任务：从电力系统受电后直接分配电能。

工厂变配电所是工厂供电系统的枢纽，在工厂中占有重要的地位。工厂变电所又分总降压变电所和车间变电所。一般中小型工厂不设总降压变电所。车间变电所按其主电力变压器的安装位置来分，有下列类型，如图4-1所示。

（1）车间附设变电所。电力变压器在车间围墙内或外边，图中1、2为内附式，3、4为外附式。

（2）车间内变电所。电力变压器或整个变电所位于车间内，如图中5。

（3）露天或半露天变电所。电力变压器安装在室外抬高的地面上，如图中6。

（4）独立变电所。变电所与车间建筑物不在同一建筑物内，如图中7。

（5）杆上变电台。电力变压器安装在室外的电杆上面，如图中8。

（6）地下变电所。整个变电所设置在地下建筑物内，如图中9。

（7）楼上变电所。整个变电所设置在楼上建筑物内，如图中10。

1、2—内附式；3、4—外附式；5—车间内式；6—露天或半露天式；7—独立式；8—杆上式；9—地下式；10—楼上式。

图4-1 车间变电所的类型

（8）成套变电所。由电器制造厂按一定接线方案成套制造、现场装配的变电所。

（9）移动式变电所。整个变电所装设在一个可移动的车上。

上述的车间附设变电所、车间内变电所、独立变电所、地下变电所和楼上变电所，均属于室内型（户内式）变电所，露天或半露天变电所和杆上变电台，则属于室外型（户外式）变电所。成套变电所和移动式变电所则室内型和室外型都有。

4.1.2　工厂变配电所所址的选择及负荷中心的确定

1．工厂变配电所所址选择的一般原则

工厂变配电所所址的选择，应根据下列要求并经技术、经济分析比较确定。

（1）尽量靠近负荷中心，以降低配电系统的电能损耗、电压损耗及有色金属消耗量。

（2）进出线方便，特别要便于架空进出线。

（3）靠近电源侧，特别是在选择工厂总变配电所所址时要考虑这一点。

（4）设备运输方便，以便运输电力变压器和高低压开关柜等大型设备。

（5）不应设在有剧烈振动或高温的场所。

（6）不宜设在多尘或有腐蚀性气体的场所；当无法远离时，不应设在污染源盛行风向的下风侧。

（7）不应设在厕所、浴室或其他经常积水场所的正下方，且不宜邻近上述场所。

（8）不应设在有爆炸危险环境的正上方或正下方，且不宜设在有火灾危险环境的正上方或正下方。当与有爆炸或火灾危险环境的建筑物毗连时，应符合 GB 50058—2014《爆炸和火灾危险环境电力装置设计规范》的规定。

（9）不应设在地势低洼和可能积水的场所。

2．负荷指示图

可采用以下负荷指示图或负荷矩计算法近似地确定工厂或车间的负荷中心。

负荷指示图将电力负荷按一定比例（例如，以 $1mm^2$ 面积代表 0.5kW 等），用负荷圆的形式标示在工厂或车间的平面图上。各车间的负荷圆圆心应与车间（建筑）的负荷中心大致相符。在负荷均匀分布的车间（建筑）内，负荷圆圆心就在车间（建筑）的负荷中心。在负荷分布不均匀的车间（建筑）内，负荷圆圆心应偏向负荷集中的一侧。负荷圆半径 r 由车间（建筑）的计算负荷 $P_{30} = K\pi r^2$ 得

$$r = \sqrt{\frac{P_{30}}{K\pi}} \qquad (4-1)$$

式中，K 为负荷圆的比例（kW/mm^2）。图 4-2 为某工厂的负荷指示图。

图 4-2　工厂负荷指示图

3．采用负荷矩法确定负荷中心

有负荷 P_1、P_2 和 P_3（均表示有功计算负荷），分布如图 4-3 所示。它们在任选的直角坐标系中的坐标分别为 $P_1(x_1, y_1)$、$P_2(x_2, y_2)$、$P_3(x_3, y_3)$。现假设总负荷 $P_\Sigma=K_\Sigma\Sigma P_i=K_\Sigma(P_1+P_2+P_3)$ 的负荷中心位于坐标 $P_\Sigma(x, y)$ 处，这里的 K_Σ 为同时系数（混合系数），根据最大负荷不同时出现的不同情况选取，一般取 0.7～1.0。因此，仿照力学中求重心的力矩方程可得

$$P_\Sigma y = P_1y_1 + P_2y_2 + P_3y_3$$
$$P_\Sigma x = P_1x_1 + P_2x_2 + P_3x_3$$

一般式为

$$P_\Sigma x = \sum (P_ix_i)$$
$$P_\Sigma y = \sum (P_iy_i)$$

负荷中心的坐标为：

$$x = \frac{\sum (P_iX_i)}{P_\Sigma} \qquad (4\text{-}2)$$

$$y = \frac{\sum (P_iX_i)}{P_\Sigma} \qquad (4\text{-}3)$$

注：负荷中心不必精确计算。

图 4-3　采用负荷矩法确定负荷中心

4.2　电气设备中的电弧问题及对电气触头的基本要求

4.2.1　概述

电弧对供电系统的危害性极大，开关设备的结构设计都要保证其能迅速熄灭电弧，因此有必要先了解电弧产生和熄灭的原理，并知道对电气触头（以下简称触头）的基本要求。

4.2.2　电弧的产生

1．产生电弧的根本原因

触头本身及触头周围介质中含有大量可被游离的电子，而分断触头之间存在足够大的外施电压，这些电子强烈电离而产生电弧。

2．产生电弧的游离方式

1）热电发射

当开关触头分断时，触头表面分子中外层电子吸收足够热能而发射到触头的间隙中去，形成自由电子。

2）高电场发射

开关触头分断之初电场强度很大，在高电场的作用下触头表面的电子易被强拉出来，使之进入触头间隙，也会形成自由电子。

3）碰撞游离

当触头间隙存在足够大的电场强度时，其中自由电子以相当大的动能向阳极移动。在高速移动中碰撞到中性质点，就可能使中性质点中的电子游离出来，中性质点变为带电的正离子

和自由电子。这些被碰撞游离出来的带电质点在电场力的作用下，继续参加碰撞游离，使触头间介质中的离子数越来越多，形成"雪崩"现象。当离子浓度足够大时，介质击穿而产生电弧。

4）高温游离

电弧的温度很高，表面温度高达 3000～4000℃，弧心温度可高达 10000℃。在这样的高温下，电弧中的中性质点可游离为正离子和自由电子（据研究，一般气体在 9000～10000℃时发生游离，而金属蒸气在 4000℃左右发生游离），进一步加强了电弧中的游离。触头越分开电弧越大，高温游离也越显著。

由于以上几种游离方式的综合作用，使得触头在带电开断时产生的电弧得以维持。

4.2.3 电弧的熄灭

1．电弧熄灭的条件

要使电弧熄灭，必须使触头间电弧中的去游离率大于游离率，即其中离子消失的速率大于离子产生的速率。

2．电弧熄灭的去游离方式

（1）正负带电质点的"复合"就是指正负带电质点重新结合为中性质点。这与电弧中的电场强度、电弧温度及电弧截面等因素有关。电弧中的电场强度越弱，电弧的温度越低，电弧的截面越小，则带电质点的复合越强。此外，复合与电弧所接触的介质性质也有关系。若电弧接触的表面为固体介质，则较活泼的电子先使介质表面带一负电位，带负电位的介质表面就吸引电弧中的正离子而造成强烈的复合。

（2）正负带电质点的"扩散"就是指电弧中的带电质点向周围介质中扩散，从而使电弧中的带电质点减少。扩散的原因，一是电弧与周围介质的温差，二是电弧与周围介质的离子浓度差。扩散也与电弧截面有关，电弧截面越小，离子扩散也越强。

上述带电质点的复合和扩散，都会使电弧中的离子数减少，使去游离增强，从而有助于电弧的熄灭。

3．交流电弧的熄灭

可利用交流电流过零时电弧要暂时熄灭这一特性（见图 4-4），来加速交流电弧的熄灭。低压开关的交流电弧显然是比较容易熄灭的。具有较完善灭弧结构的高压断路器，交流电弧的熄灭一般也只需几个周期；而真空断路器灭弧只需半个周期，即电流第一次过零时就能使电弧熄灭。

图 4-4　开关断开交流电流时电路电压和电流的变动曲线

4．开关电器中常用的灭弧法

（1）速拉灭弧法。迅速拉长电弧，可使弧隙的电场强度骤降，正负离子的复合迅速增强，从而加快电弧的熄灭。这种灭弧方法是开关电器中最基本的一种灭弧方法。高压开关中装设强有力的断路弹簧，目的就是加快触头的分断速度，迅速拉长电弧。

（2）冷却灭弧法。降低电弧的温度，可使电弧中的高温游离减弱，正负离子的复合增强，有助于加速电弧的熄灭。这种灭弧方法在开关电器中也应用较普遍，同样是一种基本的灭弧方法。

（3）吹弧灭弧法。利用外力（如气流、油流或电磁力）吹动电弧，使电弧拉长并加快冷却，降低电弧中的电场强度，使正负离子的复合和扩散增强，从而加速电弧的熄灭。图4-5～图4-8为几种不同的吹弧方式。

（4）长弧切短灭弧法。利用若干金属片（栅片）将长弧切割成若干短弧，电弧的电压降相当于近似增大若干倍。当外施电压小于电弧上的电压降时，电弧就不能维持而迅速熄灭。图4-9为钢灭弧栅（又称去离子栅）将长弧切成若干短弧的情形。它利用了图4-6所示的电动力吹弧，同时又利用了图4-8所示的铁磁吸弧，将电弧吸入钢灭弧栅。同时，钢片对电弧还有一定的冷却降温作用。

（a）横吹　　　　（b）纵吹
1—电弧；2—触头。

图4-5　横吹和纵吹吹弧方式

图4-6　电动力吹弧（开关断开时）

1—磁吹线圈；2—灭弧触头；3—电弧。

图4-7　磁力吹弧

1—钢片；2—电弧。

图4-8　铁磁吸弧

（5）粗弧分细灭弧法。将粗大的电弧分成若干平行的细小电弧，使电弧与周围介质的接触面增大，改善电弧的散热条件，降低电弧的温度，从而使电弧中正负离子的复合和扩散都得到加强，使电弧加速熄灭。

（6）狭沟灭弧法。使电弧在固体介质所形成的狭沟中燃烧，改善了电弧的冷却条件，同时由于电弧与固体表面接触使其带电质点的复合大大增强，加速了电弧的熄灭。例如，有的熔断器熔管内充填石英砂，使熔丝在石英砂中熔断，就是利用狭沟灭弧的原理。又如采用图4-10所示绝缘灭弧栅，先利用电动力吹弧使电弧进入绝缘灭弧栅内，然后利用狭沟灭弧原理来加速电弧的熄灭。

1—钢栅片；2—电弧；3—触头。

图 4-9　钢灭弧栅对电弧的作用

1—绝缘灭弧片；2—电弧；3—触头。

图 4-10　绝缘灭弧栅对电弧的作用

（7）真空灭弧法。真空具有较高的绝缘强度。若将开关触头装在真空容器内，则在开关触头分断时其间产生的电弧（称为真空电弧）一般较小，且在电流第一次过零时就能熄灭电弧。

（8）六氟化硫（SF_6）灭弧法。SF_6 气体具有优良的绝缘性能和灭弧性能，其绝缘强度约为空气的 3 倍，其绝缘强度恢复的速度约比空气快 100 倍，因此采用 SF_6 气体来灭弧，可以大大提高开关的断路容量和缩短灭弧时间。

在现代的开关电器中，常常根据具体情况综合地采用上述某几种灭弧法来达到迅速灭弧的目的。

4.2.4　对电气触头的基本要求

电气触头必须满足下列基本要求。

（1）满足正常负荷的发热要求。当正常负荷电流（包括过负荷电流）长期通过触头时，触头的发热温度不应超过允许值。为此，触头必须接触紧密良好，尽量减小或消除触头表面的氧化层，尽量降低接触电阻。

（2）具有足够的机械强度。触头要能经受规定的通断次数而不致发生机械故障或损坏。

（3）具有足够的动稳定度和热稳定度。当可能发生的最大短路冲击电流通过时，触头不致因电动力作用而损坏；并在可能最长的短路时间内通过短路电流时，触头不致被其产生的热量过度烧损或熔焊。

（4）具有足够的断流能力。当开关工作在所规定的最大负荷电流或短路电流时，触头不应被电弧过度烧损，更不应发生熔焊现象。为了保证触头在闭合时尽量降低触头电阻，而在通断时又使触头能经受电弧高温的作用，因此有些开关触头分为工作触头和灭弧触头两部分。工作触头采用导电性好的铜或镀银铜触头，而灭弧触头采用耐高温的铜钨等合金触头。通路时，电流主要通过工作触头；而通断电流时，电弧在灭弧触头之间产生，不致使工作触头烧损。

4.3　高压一次设备及其选择

4.3.1　概述

一次电路（回路）是变配电所中承担输送和分配电能任务的电路，亦称主电路。一次电路中所有的电气设备称为一次设备。

二次电路（回路）是用来控制、指示、监测和保护一次设备运行的电路，亦称副电路。二次电路通常接在互感器二次侧。二次电路中的所有设备称为二次设备。

一次设备按其功能可分为如下几类。

（1）变换设备。可按电力系统工作的要求改变电压或电流，如电力变压器、电流互感器和电压互感器等。

（2）控制设备。可按电力系统工作的要求控制一次设备的投入和切除，如各种高低压开关等。

（3）保护设备。用于电力系统的过电流和过电压等保护，如熔断器、避雷器等。

（4）补偿设备。用于补偿电力系统的无功功率以提高其功率因数，如并联电容器。

（5）成套设备。可按一次电路接线方案的要求，将有关的一次设备及二次设备组合为一体的电气装置，如高压开关柜、低压配电屏、动力和照明配电箱等。

4.3.2　高压熔断器（文字符号 FU）

基本功能：主要对电路和设备进行短路保护，有的也具有过负荷保护的功能。

常用类型：工厂供电系统中，室内广泛采用 RN1 型和 RN2 型高压管式限流熔断器；室外广泛采用 RW4-10G 型和 RW10-10F 型高压跌开式熔断器，也有的采用 RW10-35 型高压限流熔断器等。

高压熔断器全型号的表示及含义：

1．RN1 型和 RN2 型户内高压管式限流熔断器

RN1 型和 RN2 型高压管式限流熔断器都是瓷质熔管内充填石英砂的密闭管式熔断器，如图 4-11 和图 4-12 所示。RN1 型主要用于高压线路和设备的短路保护，也能起过负荷保护的作用，其熔体要通过主电路的电流，因此其结构尺寸较大，额定电流可达 100A。而 RN2 型只用作高压电压互感器一次侧的短路保护，其结构尺寸较小，熔体额定电流一般为 0.5A。

2．RW4-10G 型和 RW10-10F 型户外高压跌开式熔断器

高压跌开式熔断器（文字符号一般用 FD，负荷型用 FDL），又称高压跌落式熔断器，广泛用于环境正常的室外场所。它既可作 6～10kV 线路和设备的短路保护，又可在一定条件下，直接用高压绝缘操作棒（俗称令克棒）来操作熔管的分合。

图 4-13 为 RW4-10G 型一般高压跌开式熔断器，它能兼顾隔离开关的作用，但不允许带负荷操作，其操作要求与高压隔离开关相同。

图 4-14 为 RW10-10F 负荷型高压跌开式熔断器，它在一般高压跌开式熔断器的上静触头上加装了简单的灭弧室，因而能带负荷操作，其操作要求与负荷开关相同。

1—瓷质熔管；2—金属管帽；3—弹性触座；
4—熔断指示器；5—接线端子；6—瓷绝缘子；
7—底座。

图 4-11　RN1 型和 RN2 型高压管式限流熔断器

1—管帽；2—瓷质外壳；3—工作熔体；4—指示熔体；
5—锡球；6—石英砂填料；7—熔断指示器。
注：虚线表示熔断指示器在熔体熔断时弹出。

图 4-12　RN1 型和 RN2 型高压管式限流熔断器的熔管剖面图

1—上接线端子；2—上静触头；3—上动触头；4—管帽（带薄膜）；
5—操作环；6—熔管（外层为酚醛纸管或环氧玻璃布管，内套纤
维质消弧管）；7—铜丝；8—下动触头；9—下静触头；
10—下接线端子；11—绝缘瓷瓶；12—固定安装板。

图 4-13　RW4-10G 型高压跌开式熔断器

1—上接线端子；2—绝缘瓷瓶；3—固定安装板；
4—下接线端子；5—动触头；6、7—熔管（内消弧管）；
8—铜熔丝；9—操作扣环；10—灭弧罩（内有静触头）。

图 4-14　RW10-10F 负荷型高压跌开式熔断器

4.3.3　高压隔离开关（文字符号 QS）

　　基本功能：主要作用是隔离高压电源，以保证其他设备和线路的安全检修。

　　结构特点：断开后有明显可见的断开间隙，而且断开间隙的绝缘及相间绝缘都是足够可靠的，能充分保证设备和线路检修人员的人身安全。

　　使用要求：没有专门的灭弧装置，因此不允许带负荷操作。但它可用来通断一定的小电流，如励磁电流不超过 2A 的空载电力变压器、电容电流不超过 5A 的空载线路、电压互感器和避雷器等。

产品类型：按安装地点有户内式和户外式两大类。图 4-15 是 GN8-10 型户内式高压隔离开关；图 4-16 是 GW2-35 型户外式高压隔离开关。

1—上接线端子；2—静触头；3—闸刀；4—套管瓷瓶；5—下接线端子；6—框架；7—转轴；8—拐臂；9—升降瓷瓶；10—支柱瓷瓶。

图 4-15　GN8-10 型户内式高压隔离开关

1—角钢架；2—支柱瓷瓶；3—旋转瓷瓶；4—曲柄；5—轴套；6—传动框架；7—管形闸刀；8—工作动触头；9、10—灭弧角条；11—插座；12、13—接线端子；14—曲柄传动机构。

图 4-16　GW2-35 型户外式高压隔离开关

高压隔离开关全型号的表示及含义：

户内式高压隔离开关通常采用 CS6 型（C 表示操作机构，S 表示手动，6 表示设计序号）手动操作机构进行操作，而户外式高压隔离开关则大多采用高压绝缘操作棒操作，也有的通过杠杆传动的手动操作机构进行操作。CS6 型手动操作机构与 GN8 型高压隔离开关配合的一种安装方式如图 4-17 所示。

1—GN8 型隔离开关；2—传动连杆；3—调节杆；4—CS6 型手动操作机构。

图 4-17　CS6 型手动操作机构与 GN8 型高压隔离开关配合的一种安装方式

4.3.4　高压负荷开关（文字符号 QL）

基本功能：主要用于通断一定的负荷电流与过负荷电流，负荷开关断开后也具有隔离电源，并能保证安全检修的功能。

结构特点：具有简单的灭弧装置，高压负荷开关断开后与高压隔离开关一样，也具有明显可见的断开间隙。

使用要求：不能断开短路电流，必须与高压熔断器串联使用，并借助高压熔断器来切除短路故障。

产品类型：有多种类型，其中户内气压式高压负荷开关的应用最为广泛。

高压负荷开关全型号的表示及含义：

图 4-18 和图 4-19 分别为 FN3-10 型高压负荷开关的外形结构和压气式灭弧装置工作示意图。

高压负荷开关一般配用图 4-20 所示的 CS2 型手动操作机构进行操作。

1—主轴；2—上绝缘子兼汽缸；3—连杆；4—下绝缘子；5—框架；6—RN1 型高压熔断器；7—下触座；8—闸刀；
9—弧动触头；10—绝缘喷嘴；11—主静触头；12—上触座；13—断路弹簧；14—绝缘拉杆；15—热脱扣器。

图 4-18　FN3-10 型高压负荷开关的外形结构

动触头运动方向

活塞压
气方向

1—弧动触头；2—绝缘喷嘴；3—弧静触头；
4—接线端子；5—气缸；6—活塞；7—上绝缘子；
8—主静触头；9—电弧。

图 4-19　FN3-10 型高压负荷开关压气式
灭弧装置工作示意图

（a）CS2型手动操作机
构的外形结构

（b）CS2型手动操作机构与高压
负荷开关配合安装

1—操作手柄；2—操作机构外壳；3—分闸指示牌（掉牌）；
4—脱扣器盒；5—分闸铁芯；6—辅助开关（联动触头）；
7—传动连杆；8—负荷开关。

图 4-20　CS2 型手动操作机构的外形结构及其与 FN3-10
型高压负荷开关配合的一种安装方式

4.3.5　高压断路器（文字符号 QF）

基本功能：能通断正常的负荷电流，而且能承受一定时间的短路电流，并能在保护装置作用下自动跳闸，切除短路故障。

产品类型（按其灭弧介质划分）：油断路器、SF_6 断路器、真空断路器、压缩空气断路器和磁吹断路器等。现广泛采用真空断路器和 SF_6 断路器取代早期的油断路器。

油断路器又分多油和少油式两大类。多油断路器油量多，同时可作为灭弧和绝缘介质；少油断路器的油量很少（一般只有几千克），只作为灭弧介质。

高压断路器全型号的表示及含义：

1. SN10-10 型高压少油断路器

SN10-10 型高压少油断路器是我国统一设计并曾推广应用的一种少油断路器。图 4-21 是 SN10-10 型高压少油断路器的外形结构，其中一相油箱的内部结构如图 4-22 所示。

1—铝帽；2—上接线端子；3—油标；4—绝缘筒；5—下接线端子；6—基座；7—主轴；8—框架；9—断路弹簧。

图 4-21　SN10-10 型高压少油断路器

按断流容量（S_{oc}）分为：SN10-10I 型，S_{oc}=300MVA；SN10-10 II 型，S_{oc}=500MVA；SN10-10 III 型，S_{oc}=750MVA。SN10-10 型高压少油断路器可配用 CD□型电磁操作机构或 CT□型弹簧储能操作机构（C 表示操作机构，D 表示电磁式，T 表示弹簧式，□表示设计序号）。

SN10-10 型高压少油断路器的导电回路：上接线端子→静触头→动触头（导电杆）→中间滚动触头→下接线端子。高压断路器跳闸时动触点向下运动，电弧根部总与下面的新鲜冷油接触，可进一步改善灭弧条件，使其具有较大的断流容量。

灭弧过程中产生油气混合物，经油箱上方的油气分离器分离，气体由顶部排出，油滴流回灭弧室。

1—铝帽；2—油气分离器；3—上接线端子；4—油标；5—插座式静触头；6—灭弧室；7—动触头（导电杆）；
8—中间滚动触头；9—下接线端子；10—转轴；11—拐臂（曲柄）；12—基座；13—下支柱瓷瓶；
14—上支柱瓷瓶；15—断路弹簧；16—绝缘筒；17—逆止阀；18—绝缘油。

图 4-22　SN10-10 型高压少油断路器中一相油箱的内部结构

图 4-23 和图 4-24 为 SN10-10 型高压断路器灭弧室的外形结构及工作原理示意图。

1—第一道灭弧沟；2—第二道灭弧沟；
3—第三道灭弧沟；4—吸弧铁片。

图 4-23　灭弧室的外形结构

动触头运动方向
1—静触头；2—吸弧铁片；3—横吹灭弧沟；
4—纵吹油囊；5—电弧；6—动触头。

图 4-24　灭弧室的工作原理示意图

2. 六氟化硫（SF$_6$）断路器

SF$_6$ 断路器是利用 SF$_6$ 气体作为灭弧和绝缘介质的一种高压断路器。SF$_6$ 是一种无色、无味、无毒且不易燃烧的惰性气体，其化学性能在 150℃ 以下时相当稳定。但在电弧高温作用下，它分解出腐蚀性和毒性较强的氟（F$_2$），且氟能与触头表面的金属离子化合为一种具有绝缘性能的白色粉状氟化物。因此这种高压断路器的触头一般都设计成具有自动净化的功能。

SF$_6$ 断路器具有优良的物理性能、化学性能和电绝缘性能，相较于空气断路器，其触头的磨损小、使用寿命更长。SF$_6$ 断路器与油断路器相比，具有断流能力强，灭弧速度快，电绝缘性能好，检修周期长，适于频繁操作的性能，而且没有燃烧爆炸的危险。SF$_6$ 断路器现已广泛应用于高压配电装置中以取代油断路器，但是制造加工精度要求高，对密封性能的要求更严，价格也比较昂贵。

SF$_6$ 断路器按灭弧方式可分为双压式和单压式两种结构。双压式 SF$_6$ 断路器具有两个气压系统，低气压作为绝缘，高气压作为灭弧；单压式 SF$_6$ 断路器只有一个气压系统，灭弧时 SF$_6$ 的气流靠压气活塞产生。单压式 SF$_6$ 断路器的结构简单，我国现在生产的 LN1 型、LN2 型 SF$_6$ 断路器均为单压式 SF$_6$ 断路器。LN2-10 型 SF$_6$ 断路器的外形结构如图 4-25 所示。

SF$_6$ 断路器也可配用 CD□型电磁操作机构或 CT□型弹簧储能操作机构，但以 CT□型为主。

图 4-26 为 SF$_6$ 断路器灭弧室的工作示意图。SF$_6$ 断路器的静触头和灭弧室中的压气活塞是相对固定不动的。跳闸时，装有动触头和绝缘喷嘴的气缸由断路器操作机构通过连杆带动，离开静触头，气缸与压气活塞的相对运动而压缩 SF$_6$ 气体，SF$_6$ 气体通过喷嘴吹弧，从而使电弧迅速熄灭。

1—上接线端子；2—绝缘筒（内为气缸及触头、灭弧系统）；
3—下接线端子；4—操作机构箱；5—小车；6—断路弹簧。

图 4-25 LN2-10 型 SF$_6$ 断路器的外形结构

1—静触头；2—绝缘喷嘴；3—动触头；
4—气缸（连同动触头由操作机构传动）；5—压气活塞（固定）；6—电弧。

图 4-26 SF$_6$ 断路器灭弧室的工作示意图

4.3.6 高压开关柜

高压开关柜是按一定的线路方案，将有关一、二次设备组装而成的一种高压成套配电装置。柜中安装有高压开关、保护设备、监测仪表、母线和绝缘子等。

高压开关柜有固定式和手车式（又称移开式）两大类。中小型工厂普遍采用较为经济的固定式高压开关柜。我国现在大量生产和广泛应用的固定式高压开关柜主要为 GG-1A（F）-07S

型（见图 4-27）。这种防误型开关柜具有"五防"功能：①防止误分、误合断路器；②防止带负荷误拉、误合隔离开关；③防止带电误挂接地线；④防止带接地线误合隔离开关；⑤防止人员误入带电间隔。

1—母线；2—母线隔离开关（QS1，GN8-10 型）；3—少油断路器（QF，SN10-10 型）；4—电流互感器（TA，LQJ-10 型）；5—线路隔离开关（QS2，GN6-10 型）；6—电缆头；7—下检修门；8—端子箱门；9—操作板；10—高压断路器手动操作机构（CS2 型）；11—高压隔离开关操作机构（CS6 型）手柄；12—仪表继电器屏；13—上检修门；14、15—观察窗口。

图 4-27　GG-1A（F）-07S 型固定式高压开关柜（断路器柜）

对于手车式高压开关柜（见图 4-28），高压断路器等主要电气设备安装在可拉出和推入的手车上。相较固定式高压开关柜具有检修安全、供电可靠性高等优点。

1—仪表屏；2—手车室；3—上触头（兼有高压隔离开关功能）；4—下触头（兼有高压隔离开关功能）；5—SN10-10 型高压少油断路器手车。

图 4-28　GC□-10（F）型手车式高压开关柜（断路器手车柜未推入）

高压环网柜适用于环形电网供电，柜中内置"三位置开关"，兼有高压负荷开关、高压隔离开关和接地开关的功能，密封在一个充满 SF_6 气体的壳体内，既缩小了高压环网柜的占用空间，也提高了开关的绝缘和灭弧性能。

常见的高压开关柜类型有 KGN 型铠装式固定柜、XGN 型箱式固定柜、JYN 型间隔式手车柜、KYN 型铠装式手车柜和 HXGN 型环网柜等。

当今智能电网中还推广应用一种气体全封闭组合电器（GIS），内充一定压力的 SF_6 气体，作为 GIS 的绝缘和灭弧介质。

4.3.7　高压一次设备的选择

高压一次设备的选择，必须满足一次电路在正常条件下和短路故障条件下工作的要求，同时设备应工作安全、可靠，运行、维护方便，投资经济、合理。

正常条件下的工作要求：应考虑电气装置的环境条件和电气要求。环境条件就是指电气装置所处的位置（室内或室外）、环境温度、海拔及有无防尘、防腐、防火、防爆等要求。电气要求是指电气装置对设备的电压、电流、频率（一般为 50Hz）等方面的要求；对一些断流电器，如高压开关、高压熔断器等，还应考虑断流能力。

短路故障条件下的工作要求：应按最大可能的短路故障时的动稳定度和热稳定度进行校验。但对高压熔断器及装有高压熔断器保护的电压互感器等，不必进行短路动稳定度和热稳定度的校验。对于电缆，也不必进行动稳定度的校验。

高压一次设备的选择校验项目和条件，如表 4-1 所示。

表 4-1　高压一次设备的选择校验项目和条件

电气设备名称	电　压	电　流	断流能力	短路电流校验	
				动稳定度	热稳定度
高压熔断器	√[①]	√	√	—[①]	—
高压隔离开关	√	√	—	√	√
高压负荷开关	√	√	√	√	√
高压断路器	√	√	√	√	√
电流互感器	√	√	—	√	√
电压互感器	√	—	—	—	—
并联电容器	√	—	—	—	—
母线	—	√	—	√	√
电缆	√	√	—	—	√
支柱绝缘子	√	—	—	√	—
套管绝缘子	√	√	—	√	√
选择校验条件	设备的额定电压应不小于它所在系统的额定电压或最高电压[②]	设备的额定电流应不小于通过设备的计算电流[③]	设备最大开断电流或功率应不小于它可能开断的最大电流或功率[④]	按三相短路冲击电流校验	按三相短路稳态电流校验

① 表中"√"表示必须校验，"—"表示不要校验。

② GB/T 11022—2020《高压交流开关设备和控制设备的共同技术要求》规定，高压设备的额定电压，按其所在系统的最高电压上限确定。因此原来额定电压为 3、6、10、35kV 等的高压开关电器，按此标准，许多新生产的高压开关电器额定电压都相应地改为 3.6、7.2、12、40.5kV 等（参看表 1-2）。

③ 选择变电所高压侧的设备和导体时，其计算电流应取主电力变压器高压侧的额定电流。

④ 对高压负荷开关，其最大开断电流应不小于它可能开断的最大过负荷电流；对高压断路器，其最大开断电流应不小于实际开断时间（继电保护的动作时间加高压断路器固有分闸时间）的短路电流周期分量。关于高压熔断器断流能力的校验条件，与高压熔断器的类型有关，详见 6.2 节。

例 4-1　试选择某 10kV 高压进线侧的高压户内真空断路器的型号规格。已知该进线的计算电流为 340A，10kV 母线的三相短路电流周期分量有效值 $I_k^{(3)}=5.7\text{kA}$，继电保护的动作时间为 1.2s。

解： 根据 $I_{30}=340\text{A}$ 和 $U_N=10\text{kV}$，先试选 ZN5-10/630 型高压户内真空断路器。按题目要求和 top =1.2s 进行校验，其选择校验表如表 4-2 所示，其数据由表 4-2 查得。

表 4-2　例 4-1 中高压户内真空断路器的选择校验表

序号	安装地点的电气条件		ZN5-10/630 型高压户内真空断路器		
	项　目	数　据	项　目	数　据	结　论
1	U_N	10kV	$U_{N.QF}$	10kV	合格
2	I_{30}	340A	$I_{N.QF}$	630A	合格
3	$I_k^{(3)}$	5.7kA	I_{oc}	20kA	合格
4	$i_{sh}^{(3)}$	2.55×5.7kA=14.5kA	i_{max}	50kA	合格
5	$I_\infty^{(3)}t_{ima}$	5.7²×(1.2+0.2)=45.5kA	I_t^2t	202×2=800kA	合格

4.4　低压一次设备及其选择

低压一次设备是指供电系统中 1000V（或略高）及以下的电气设备。本节介绍常用的低压熔断器、低压开关、低压断路器、低压配电屏和低压配电箱等。

4.4.1　低压熔断器

低压熔断器的类型很多，如插入式（RC□型）、螺旋式（RL□型）、无填料密闭管式（RM□型）、有填料密闭管式（RT□型），以及引进技术生产的有填料管式（gF）、aM 系列和高分断能力的 NT 型等。下面主要介绍供电系统中用得较多的 RM10 和 RT0 型两种低压熔断器。

低压熔断器全型号的表示及含义：

R–熔断器：产品名称
C–插入式
L–螺旋式
M–密闭管式　结构型式
S–快速式
T–有填料密闭管式
Z–自复式

熔体额定电流（A）
额定电流（A）
其他标注：A–改进型
设计序号

1. RM10 型低压密闭管式熔断器

这种低压熔断器的灭弧断流能力较差，属于非限流熔断器。因结构简单，价格低廉及更换熔片方便，普遍应用在低压配电装置中。RM10 型低压密闭管式熔断器由纤维熔管、变截面锌熔片和触头底座等几部分组成，其熔管和熔片的结构如图 4-29 所示。其熔片冲制成宽窄不一的变截面，通过短路电流时首先使熔片窄部加热熔化，通过过负荷电流时在宽窄之间的斜部熔断。根据熔片熔断部位，可大致判断使之熔断的故障电流性质。保护特性曲线又称安秒特性曲线，指熔断器熔体的熔断时间（包括灭弧时间）与熔体电流之间的关系曲线，通常绘在对数坐标平面上。

（a）熔管　　　　　　　　（b）熔片

1—铜管帽；2—管夹；3—纤维熔管；4—刀形触头（触刀）；5—变截面熔片。

图 4-29　RM10 型低压密闭管式熔断器

2. RT0 型低压密闭管式熔断器

RT0 型低压密闭管式熔断器主要由瓷熔管、栅状铜熔体和瓷质底座等部件组成，如图 4-30 所示，其栅状铜熔体由薄铜片冲压弯制而成，具有引燃栅。由于引燃栅的等电位作用，可使熔体在短路电流通过时形成多根并列电弧。同时熔体又具有变截面小孔，可使熔体在短路电流通过时又将长弧分割为多段短弧。而且所有电弧都在石英砂内燃烧，可使电弧中的正负离子强烈复合。这种低压熔断器的灭弧能力很强，属于限流型熔断器。由于该低压熔断器的栅状铜熔体中段弯曲处具有"锡桥"，因此可利用其"冶金效应"来实现其对较小短路电流和过负荷电流的保护。熔体熔断后，有红色的熔断指示器从一端弹出，便于运行人员检视。

（a）熔体　　　　　　　　（b）熔管

（c）熔断器　　　　　　　（d）绝缘操作手柄

1—栅状铜熔体；2—触刀；3—瓷熔管；4—熔断指示器；5—盖板；6—弹性触座；

7—瓷质底座；8—接线端子；9—扣眼；10—绝缘拉手手柄。

图 4-30　RT0 型低压密闭管式熔断器

RT0 型低压密闭管式熔断器由于保护性能好和断流能力大，因此广泛应用在低压配电装置中。但是其熔体为不可拆式，熔断后需将整个熔管更换，不够经济。

4.4.2　低压刀开关和负荷开关

1. 低压刀开关（文字符号 QK）

低压刀开关主要用于不频繁操作的场合，按操作方式分为单投和双投；按极数分为单极、双极和三极；按有无灭弧结构分为不带灭弧罩和带灭弧罩。不带灭弧罩的低压刀开关只能在无负荷下操作，带灭弧罩的低压刀开关（见图 4-31）可通断一定的负荷电流。

1—上接线端子；2—钢栅片灭弧罩；3—闸刀；4—底座；
5—下接线端子；6—主轴；7—静触头；8—连杆；9—操作手柄。

图 4-31　HD13 型低压刀开关

低压刀开关全型号的表示及含义：

2. 熔断器式低压刀开关（文字符号 QKF 或 FU-QK）

熔断器式低压刀开关又称低压刀熔开关，是具有低压刀开关和低压熔断器双重功能的组合型电器，在低压配电屏中广泛使用，主要用于不频繁操作的场合。

图 4-32 为最常见的 HR3 型低压刀熔开关，就是将 HD 型低压刀开关的闸刀换成 RT0 型低压密闭管式熔断器的具有刀形触头的熔管。

1—RT0 型低压密闭管式熔断器的熔管；2—弹性触座；3—连杆；4—操作手柄；5—配电屏面板。

图 4-32　HR3 型低压刀熔开关

低压刀熔开关全型号的表示及含义：

3. 低压负荷开关（文字符号 QL）

低压负荷开关是由带灭弧装置的刀开关与低压熔断器串联组合而成，外装封闭式铁壳或开启式胶盖的开关电器，也主要用于不频繁操作的场合。

低压负荷开关具有带灭弧罩刀开关和低压熔断器的双重功能，既可带负荷操作，又能实现短路保护；但其低压熔断器熔断后，需更换熔体后才能恢复供电。

低压负荷开关全型号的表示及含义：

4.4.3　低压断路器（文字符号 QF）

低压断路器又称自动开关，既能带负荷通断电路，又能在短路、过负荷和欠电压（或失压）的情况下自动跳闸，其功能与高压断路器类似。

低压断路器的原理结构和接线如图 4-33 所示。当线路上出现短路故障时，其过电流脱扣器动作，使开关跳闸。如果出现过负荷时，其串联在一次线路上的电阻发热，使双金属片弯曲，也使开关跳闸。当线路电压严重下降或电压消失时，其失压脱扣器动作，同样使开关跳闸。如果按下脱扣按钮 6 或 7，使失压脱扣器失压或使分励脱扣器通电，就可使开关远距离跳闸。

1—主触头；2—跳钩；3—锁扣；4—分励脱扣器；5—失压脱扣器；6、7—脱扣按钮；8—电阻；9—热脱扣器；10—过电流脱扣器。

图 4-33　低压断路器的原理结构和接线

低压断路器按灭弧介质可分为空气低压断路器和真空低压断路器等；按用途可分为配电

用低压断路器、电动机用低压断路器、照明用低压断路器和漏电保护低压断路器等。

配电用低压断路器按保护性能可分为非选择型断路器和选择型断路器。非选择型断路器一般为瞬时动作，只作短路保护用；也有的为长延时动作，只作过负荷保护用。选择型断路器有两段保护型断路器、三段保护型断路器和智能化保护型断路器等，其保护特性曲线如图 4-34 所示。两段保护为瞬时或短延时与长延时，三段保护为瞬时、短延时与长延时。其中瞬时特性和短延时特性适用于短路保护，长延时特性适用于过负荷保护。配电用低压断路器按结构又可分为万能式低压断路器和塑料外壳式低压断路器两大类。

（a）瞬时动作特性　　　　（b）两段保护特性　　　　（c）三段保护特性

图 4-34　选择型断路器的保护特性曲线

国产低压断路器全型号的表示及含义：

D-低压断路器：产品名称　　　　　　脱扣器及辅助机构代号
W-万能式（框架）
Z-塑料外壳式（装置式）} 结构型式　　　　极数
设计序号　　　　　　　派生代号
额定电流（A）　　　　　　　　L-漏电保护
　　　　　　　　　　　　　　　M-密封式
　　　　　　　　　　　　　　　P-电动操作
　　　　　　　　　　　　　　　X-限流式

1．万能式低压断路器

万能式低压断路器又称框架式自动开关，其保护方案和操作方案较多，装设地点灵活，主要用作低压配电装置的主控制开关。

DW 型万能式低压断路器是目前广泛应用的低压断路器，其合闸有手柄、杠杆、电磁和电动等多种操作方式。DW16 型万能式低压断路器如图 4-35 所示，附录表 13 列出了部分万能式低压断路器的主要技术数据。

2．塑料外壳式低压断路器

塑料外壳式低压断路器又称装置式自动开关，其全部机构和导电部分都装设在一个塑料外壳内，仅在壳盖中央露出操作手柄。它通常装设在低压配电装置中。

图 4-36 是 DZ20 型塑料外壳式低压断路器的

1—操作手柄（带电动操作机构）；2—自由脱扣机构；3—欠电压脱扣器；4—热脱扣器；5—接地保护用小型电流继电器；6—过负荷保护用过电流脱扣器；7—接线端子；8—分励脱扣器；9—短路保护用过电流脱扣器；10—辅助触头；11—底座；12—灭弧罩（内有主触头）。

图 4-35　DW16 型万能式低压断路器

剖面结构图。它多用作配电支线负荷端开关及不频繁启动电动机的控制和保护开关。

1—引入线接线端子；2—主触头；3—灭弧室；4—操作手柄；5—跳钩；6—锁扣；
7—过电流脱扣器；8—塑料壳盖；9—引出线接线端子；10—塑料底座。

图 4-36　DZ20 型塑料外壳式低压断路器的剖面结构图

低压断路器一般采用四连杆操作机构，可自由脱扣。操作方式分为手动和电动（开关容量较大时装设），其操作手柄有合闸、自由脱扣、分闸与再扣三个位置。

DZ 型塑料外壳式低压断路器操作机构的传动原理说明如图 4-37 所示。可根据要求装设电磁脱扣器（只作短路保护）、热脱扣器（双金属片只作过负荷保护）、复式脱扣器（可同时实现过负荷及短路保护）。

现在广泛应用的塑料外壳式低压断路器有 DZX10、DZ15、DZ20 等型号及引进技术生产的 H、3VE 等型号，此外还有智能型的 DZ40 等型号。

（a）合闸位置　　　　　　（b）自由脱扣位置　　　　　　（c）分闸与再扣位置
1—操作手柄；2—操作杆；3—弹簧；4—跳钩；5—锁扣；6—牵引杆；
7—上连杆；8—下连杆；9—动触头；10—静触头。

图 4-37　DZ 型塑料外壳式低压断路器操作机构的传动原理说明

3．模数化小型低压断路器

塑料外壳式低压断路器有一类是 63A 及以下的模数化小型低压断路器，广泛应用在低压配电系统的终端，作照明线路、家用电器等的通断控制及过负荷保护、短路保护和漏电保护之用。它具有体积小、分断能力强、寿命长、安全性能好、模数化导轨结构组装灵活等优点。

这种低压断路器由操作手柄、热脱扣器、电磁脱扣器、触头系统和灭弧室等部件组成，所有部件装在同一塑料外壳内（见图 4-38）。

1—动触头杆；2—瞬动电磁铁（电磁脱扣器）；3—接线端子；4—主静触头；5—中线静触头；6—弧角；
7—塑料外壳；8—中线动触头；9—主动触头；10—灭弧室；11—弧角；12—接线端子；13—锁扣；
14—双金属片（热脱扣器）；15—脱扣钩；16—操作手柄；17—连杆；18—断路弹簧。

图 4-38　模数化小型低压断路器的结构

模数化小型低压断路器常用的有 C45N、C65、DZ23、DZ47、S30、MC、BM、PX200C 等多种型号。模数化小型低压断路器的外形尺寸和安装导轨的尺寸如图 4-39 所示。

（a）外形尺寸　　　　　　　　　　　　（b）安装导轨的尺寸

图 4-39　模数化小型低压断路器的外形尺寸和安装导轨的尺寸（图中数值单位为 mm）

4.4.4　低压配电屏和低压配电箱

低压配电屏和低压配电箱，都是按一定的线路方案将有关一、二次设备组装而成的成套配电装置，在低压配电系统中作动力和照明配电用，两者没有实质的区别。不过低压配电屏的结构尺寸较大，安装的开关电器较多，一般装设在变电所的低压配电室内，而低压配电箱的结构尺寸较小，安装的开关电器不多，通常安装在靠近低压用电设备的车间或其他建筑的进线处。

1．低压配电屏

低压配电屏也称为低压配电柜，结构形式有固定式、抽屉式和组合式三类。其中组合式低压配电屏采用模数化组合结构，标准化程度高，通用性强，柜体外形美观且安装灵活方便。固定式低压配电屏比较价廉，一般中小型工厂多采用此形式。我国现在广泛应用的固定式低压配电屏主要为 PGL1、PGL2、PGL3 型、GGD 型、GGL 型等。抽屉式低压配电屏主要有 BFC 型、GCL 型、GCK 型、GCS 型、GHT1 型等。组合式低压配电屏有 GZL1、GZL2、GZL3 型及引进国外技术生产的多米诺（DOMINO）型、科必可（CUBIC）型等。

图 4-40 为 PGL1、PGL2 型固定式低压配电屏的外形结构。

1—仪表板；2—操作板；3—检修门；4—中性母线绝缘子；5—母线绝缘框；6—母线防护罩。

图 4-40　PGL1、PGL2 型固定式低压配电屏的外形结构

国产老系列低压配电屏全型号的表示及含义：

国产新系列低压配电屏全型号的表示及含义：

2．低压配电箱

低压配电箱按用途可分为动力低压配电箱和照明低压配电箱。动力低压配电箱主要用于动力设备的配电，可兼作照明配电。照明低压配电箱主要用于照明配电，可给小容量的单相动力设备或家用电器配电。

低压配电箱的安装方式有靠墙式、悬挂式和嵌入式等。常用的动力低压配电箱有 XL-3、XL-10、XL-20 等型号，照明低压配电箱有 XM-4、XM-7、XM-10 等型号。多用途低压配电箱，如 DYX（R）型兼有上述动力低压配电箱和照明低压配电箱的功能。DYX（R）型多用途低压配电箱箱面的布置示意图，如图 4-41 所示。

（a）插座箱（Ⅰ型）　　（b）照明低压配电箱（Ⅱ型）　　（c）动力低压配电箱（Ⅲ型）
1—电源开关（模数化小型低压断路器或漏电保护低压断路器）；2—插座；3—模数化小型低压断路器。

图 4-41　DYX（R）型多用途低压配电箱箱面的布置示意图

国产低压配电箱全型号的表示及含义：

4.4.5　低压一次设备的选择

低压一次设备的选择与高压一次设备一样，必须满足其正常条件和短路故障条件下的工作要求，同时设备工作应安全可靠，运行应维护方便，投资应经济合理。

低压一次设备的选择校验项目如表 4-3 所示。关于低压电流互感器、电压互感器、并联电容器、母线、电缆、绝缘子等的选择校验项目，与表 4-1 相同。

表4-3　低压一次设备的选择校验项目

电气设备名称	电压	电流	断流能力	短路电流校验	
				动稳定度	热稳定度
低压熔断器	√	√	√	—	—
低压刀开关	√	√	√	＊	＊
低压负荷开关	√	√	√	＊	＊
低压断路器	√	√	√	＊	＊

注：（1）表中"√"表示必须校验，"＊"表示一般可不校验，"—"表示不要校验。
（2）选择校验的条件与表 4-1 相同。

4.5　电力变压器和应急柴油发电机组及其选择

电力变压器（文字符号 T 或 TM）是变电所中最关键的一次设备，其功能是将电力系统中的电能、电压升高或降低，以利于电能的合理输送、分配和使用。

电力变压器按功能可分为升压电力变压器和降压电力变压器。工厂变电所都采用降压电力变压器。直接供电给用电设备的终端变电所电力变压器，通常称为配电变压器。

电力变压器的容量分为 R8 和 R10 两大系列。R8 老系列容量等级按 $\sqrt[8]{10} \approx 1.33$ 的倍数递增，如 100、135、180、240、320、420、560、750、1000kVA 等；R10 新系列容量等级按 $\sqrt[10]{10} \approx 1.26$ 的倍数递增，如 100、125、160、200、250、315、400、500、630、800、1000kVA 等。

电力变压器按相数可分为单相电力变压器和三相电力变压器。工厂变电所通常采用三相电力变压器。按调节方式可分为无载调压型电力变压器和有载调压型电力变压器。工厂变电所大多采用无载调压型电力变压器。按绕组导体材质可分为铜绕组电力变压器和铝绕组电力变压器。过去工厂变电所大多采用铝绕组电力变压器，现代工厂变电所已广泛采用低损耗的铜绕组电力变压器。

电力变压器按绕组绝缘和冷却方式可分为油浸式电力变压器、干式电力变压器和充气（SF_6）式电力变压器等，其中油浸式电力变压器又分为油浸自冷式电力变压器、油浸风冷式电力变压器和油浸强迫油循环冷却式电力变压器等。工厂变电所大多采用油浸自冷式电力变压器，干式电力变压器和充气（SF_6）式电力变压器适用于安全防火要求高的场所。

电力变压器按用途可分为普通电力变压器、全封闭电力变压器和防雷电力变压器等。工厂变电所大多采用普通电力变压器，有防火、防爆要求或有腐蚀性物质的场所应采用全封闭电力变压器，多雷区宜采用防雷电力变压器。

4.5.1 电力变压器的结构、型号及联结组别

1. 电力变压器的结构、型号

电力变压器的基本结构包括铁芯和一、二次绕组。图 4-42 是三相油浸式电力变压器的结构图，图 4-43 是环氧树脂浇注绝缘的三相干式电力变压器的结构图。

1—温度计；2—铭牌；3—吸湿器；4—油枕（储油柜）；5—油位指示器（油标）；6—防爆管；7—瓦斯继电器；8—高压出线套管和接线端子；9—低压出线套管和接线端子；10—分接开关；11—油箱及散热油管；12—铁芯；13—绕组及绝缘；14—放油阀；15—小车；16—接地端子

图 4-42　三相油浸式电力变压器

1—高压出线套管和接线端子；2—吊环；3—上夹件；4—低压出线套管和接线端子；5—铭牌；6—环氧树脂浇注绝缘绕组；
7—上下夹件拉杆；8—警示标牌；9—铁芯；10—下夹件；11—小车；12—高压绕组间连接导体；13—高压分接头连接片。

图 4-43　环氧树脂浇注绝缘的三相干式电力变压器

对于 S9-800/10 型电力变压器，表示其为三相铜绕组油浸式电力变压器，性能水平代号为 9，额定容量为 800kVA，高压绕组电压等级为 10kV。

2．电力变压器的联结组别

电力变压器的联结组别指电力变压器一、二次绕组因采取不同的联结方式而形成电力变压器一、二次侧对应线电压之间的不同相位关系。

电力变压器全型号的表示及含义：

1）一般电力变压器的联结组别

6～10kV 电力变压器（二次侧 220/380V）有 Yyn0 和 Dyn11 两种常见的联结组别。

Yyn0 联结组别（见图 4-44）：一次线电压与对应二次线电压之间的相位关系，如同时钟在零点（12 点）时分针与时针的相互关系（图中一、二次绕组标"·"的端子为对应的"同名端"，即同极性端）。

Dyn11 联结组别（见图 4-45）：一次线电压与对应的二次线电压之间的相位关系，如同时钟在 11 点时分针与时针的相互关系。

（a）一、二次绕组接线　　　（b）一、二次线电压相量　　　（c）时钟表示

图 4-44　Yyn0 联结组别

（a）一、二次绕组接线　　　（b）一、二次线电压相量　　　（c）时钟表示

图 4-45　Dyn11 联结组别

注：我国过去基本采用 Yyn0 联结组别的电力变压器。近 20 年来，Dyn11 联结组别的电力变压器已得到广泛推广和应用。

电力变压器的 Dyn11 联结组别相比 Yyn0 联结组别具有下列优点。

（1）Dyn11 联结组别的电力变压器，$3n$ 次（n 为正整数）谐波励磁电流在其三角形接线的一次绕组内形成环流，不致注入公共的高压电网中去。这比一次绕组星形接线的 Yyn0 联结组别的电力变压器更有利于抑制高次谐波电流。

（2）Dyn11 联结组别的电力变压器的零序阻抗比 Yyn0 联结组别的电力变压器要小得多，更有利于低压单相接地短路故障的保护和切除。

（3）对于单相不平衡负荷，Yyn0 联结组别的电力变压器要求中性线电流不超过二次绕组额定电流的 25%，Dyn11 联结组别的电力变压器的中性线电流允许达到相电流的 75% 以上，因此承受单相不平衡负荷的能力远比 Yyn0 联结组别的电力变压器大。GB 50052—2009《供配电系统设计规范》规定，低压 TN 系统及 TT 系统宜选用 Dyn11 联结组别的电力变压器。

由于 Yyn0 联结组别的电力变压器一次绕组的绝缘强度要求比 Dyn11 联结组别的电力变压器稍低，从而制造成本稍低于 Dyn11 联结组别的电力变压器，因此在低压 TN 系统及 TT 系统中由单相不平衡负荷引起的中性线电流不超过低压绕组额定电流的 25%，且当其任一相的电流在满载时不致超过额定电流时，仍可选用 Yyn0 联结组别的电力变压器。

2）防雷电力变压器的联结组别

防雷电力变压器通常采用 Yzn11 联结组别接线（见图 4-46），其结构特点是每一铁芯柱上的二次绕组都等分为两个匝数相等的绕组，而且采用曲折形（Z 形）联结。

（a）接线图

（b）相量图

图 4-46　Yzn11 联结组别的防雷电力变压器

在雷电情况下，如果过电压波沿电力变压器二次侧侵入，由于二次侧同一铁芯柱上两个绕组电流相反，其磁动势相互抵消，因此过电压不会感应到一次侧线路上去；如果过电压波沿电力变压器一次侧侵入，由于电力变压器二次侧同一铁芯柱上两个绕组的感应电动势相互抵消，因此二次侧也不会出现过电压。

4.5.2　电力变压器的容量和过负荷能力

1. 电力变压器的额定容量和实际容量

额定容量（铭牌容量）是指在规定的环境温度条件下，在室外安装时并在规定的使用年限内（一般按 20 年计）所能连续输出的最大视在功率。

电力变压器的使用年限主要取决于电力变压器的绝缘老化速度，而绝缘老化速度又取决于绕组最热点的温度。电力变压器的绕组和铁芯，可以长期经受较高的温升而不致损坏。但绕组长期受热时，其绝缘的弹性和机械强度要逐渐减弱，这就是绝缘的老化现象。绝缘老化严重时，绕阻就会变脆，容易裂纹和剥落。试验表明：在规定的环境温度条件下，如果电力变压器绕组最热点的温度一直维持在+95℃，那么电力变压器可连续运行 20 年。如果其绕组温度升高到+120℃，那么电力变压器只能运行 2.2 年，使用寿命大大缩短。这说明绕组温度对电力变压器的使用寿命有极大的影响。而绕组温度不仅与电力变压器负荷大小有关，而且受周围环境温度影响。

GB/T 1094—2013《电力变压器》规定，电力变压器正常使用的环境温度条件为最高气温为+40℃，最热月平均气温为+30℃，最高年平均气温为+20℃。户外电力变压器最低气温为-25℃，户内电力变压器最低气温为-5℃。油浸式电力变压器的顶层油温，不得超过周围气温55℃。若按最高气温+40℃计，则电力变压器顶层油温不得超过+95℃。

若电力变压器安装地点的环境温度超过上述规定温度最大值中的一个，则电力变压器顶层油温限值应予以降低。当环境温度超过规定温度但不大于 5℃时，顶层油温限值应降低 5℃；当超过温度且大于 5℃而不大于 10℃时，顶层油温限值应降低 10℃。因此电力变压器的实际容量相比其额定容量要相应地有所降低。反之，若电力变压器安装地点的环境温度比规定值低，则从绕组绝缘老化程度减轻而又保证电力变压器使用年限不变来考虑，电力变压器的实际容量相比其额定容量可以适当提高，或者说，电力变压器在某些时候可允许一定的过负荷。

一般规定，若电力变压器安装地点的年平均气温 $\theta_{0.av} \neq 20°$，则年平均气温每升高 1℃，电力变压器的容量应相应减小 1%。因此电力变压器的实际容量（出力）应计入一个温度修正系数 K_{θ}。

对室外电力变压器，其实际容量（以℃为单位）为

$$S_T = K_{\theta} S_{NT} = \left(1 - \frac{\theta_{0.av} - 20}{100}\right) S_{NT} \tag{4-4}$$

式中，S_{NT} 为电力变压器的额定容量。

对室内电力变压器，由于散热条件较差，因此电力变压器室的出风口与进风口有大约 15℃的温度差，从而使处在室中央的电力变压器环境温度比室外温度大约高 8℃，因此其实际容量相应减少 8%，故室内电力变压器的实际容量为

$$S'_T = K'_{\theta} S_{NT} = \left(0.92 - \frac{\theta_{0.av} - 20}{100}\right) S_{NT} \tag{4-5}$$

2. 电力变压器的过负荷能力

电力变压器在运行中，其负荷总是变化和不均匀的。就一昼夜来说，很大一部分时间的负荷都低于最大负荷，而电力变压器容量又是按最大负荷（计算负荷）来选择的，因此电力变压器运行时实际上没有充分发挥出负荷能力。从维持电力变压器规定的使用寿命（20 年）来考虑，电力变压器在必要时完全可以过负荷运行。

对油浸式电力变压器，其允许过负荷包括以下两部分。

（1）由于昼夜负荷不均匀而考虑的过负荷。可根据典型日负荷曲线的填充系数（日负荷率 β）和最大负荷持续时间 t，查图 4-47 所示的曲线，得到油浸式电力变压器的允许过负荷系数 $K_{OL(1)}$ 值。

（2）由于季节性负荷变化而考虑的过负荷。假如夏季的平均日负荷曲线中的最大负荷 S_{max} 低于电力变压器的实际容量 S_T，则每低 1%，可在冬季过负荷 1%；反之亦然。但此项过负荷不得超过 15%，即其允许过负荷系数为

$$K_{OL(2)} = 1 + \frac{S_T - S_{max}}{S_T} \leqslant 1.15 \tag{4-6}$$

以上两部分过负荷可以同时考虑，即电力变压器总的过负荷系数为

$$S_{T(OL)} \approx S_{OL(1)} + K_{OL(2)} - 1 \tag{4-7}$$

但一般规定室内油浸式电力变压器总的过负荷不得超过 20%，室外油浸式电力变压器总的过负荷不得超过 30%。因此油浸式电力变压器在冬季（或夏季）的正常过负荷能力，即最大出力可达

$$S_{T(OL)} \approx S_{OL(1)} S_T \leqslant (1.2 \sim 1.3) S_T \tag{4-8}$$

式中，系数 1.2 适用于室内油浸式电力变压器，1.3 适用于室外油浸式电力变压器。

干式电力变压器一般不考虑正常过负荷。

图 4-47 油浸式电力变压器的允许过负荷系数与日负荷率和最大负荷持续时间的关系曲线

4.5.3 变电所主电力变压器台数和容量的选择

1．变电所主电力变压器台数的选择

选择主电力变压器台数时应考虑下列原则。

（1）应满足用电负荷对供电可靠性的要求。对供有大量一、二级负荷的变电所，应采用两台电力变压器，以便一台电力变压器发生故障或检修时，另一台电力变压器能对一、二级负荷继续供电。对只有二级负荷而无一级负荷的变电所，可以只用一台电力变压器，但必须在低压侧敷设与其他变电所相连的联络线作为备用电源，或另备自备电源。

（2）对季节性负荷或昼夜负荷变动较大而宜于采用经济运行方式的变电所，也可考虑采用两台电力变压器。

（3）除上述两种情况外，一般车间变电所宜采用一台电力变压器。但是负荷集中而容量相当大的变电所，虽然是三级负荷，也可采用两台或多台电力变压器。

（4）在确定变电所主电力变压器台数时，应适当考虑负荷的发展，留有一定的余地。

2．变电所主电力变压器容量的选择

1）只装一台主电力变压器的变电所

主电力变压器容量 S_T（设计中一般取其额定容量 S_{NT}）应满足全部用电设备总计算负荷 S_{30} 的需要，即

$$S_T \approx S_{NT} \geqslant S_{30} \tag{4-9}$$

2）装有两台主电力变压器的变电所

（1）任一台电力变压器单独运行时，宜满足总计算负荷 S_{30} 的 60%～70%的需要，即

$$S_T \approx S_{NT} = (0.6\sim0.7)S_{30} \tag{4-10}$$

（2）任一台电力变压器单独运行时，应满足全部一、二级负荷 $S_{30(I+II)}$ 的需要，即

$$S_T \approx S_{NT} \geq S_{30(I+II)} \tag{4-11}$$

3）车间变电所主电力变压器的单台容量上限

车间变电所主电力变压器单台容量一般不宜大于 1000kVA（或 1250kVA）。这一方面是受以往低压开关电器断流能力和短路稳定度要求的限制，另一方面也是考虑到可以使电力变压器更接近于车间的负荷中心，以减少低压配电线路的电能损耗、电压损耗和有色金属消耗量。我国自 20 世纪 80 年代以来已能生产一些断流能力更大、短路稳定度更好的低压开关电器，如 DW15、ME 等型低压断路器，因此如果车间负荷容量较大、负荷集中且运行合理时，也可选用单台容量为 1250（或 1600）～2000kVA 的电力变压器，这样可减少主电力变压器台数及高低压开关电器数和电缆数等。

住宅小区变电所油浸式电力变压器单台容量不宜大于 630kVA。因为油浸式电力变压器容量大于 630kVA 时，按规定应装设瓦斯保护，而这类变电所电源侧的断路器往往不在电力变压器附近，因此瓦斯保护很难实施，而且如果电力变压器容量增大，供电半径就会增大，势必造成供电末端电压偏低。

4）适当考虑今后负荷的发展

应适当考虑今后 5～10 年电力负荷的增长，留有一定的余地，同时可考虑电力变压器一定的正常过负荷能力。

必须指出：变电所主电力变压器台数和容量的最后确定，应结合变电所主接线方案的选择，对几个较合理的方案做技术经济比较，择优而定。

例 4-2　某 10/0.4kV 变电所，总计算负荷为 1400kVA，其中一、二级负荷为 780kVA。试初步选择其主电力变压器的台数和容量。

解：根据该变电所有一、二级负荷情况，确定选两台主电力变压器，每台容量 $S_{NT} = （0.6 \sim 0.7）\times 1400kVA = （840 \sim 980）kVA$，且 $S_{NT} \geq 780kVA$，因此初步确定每台主电力变压器容量为 1000kVA。

4.5.4　电力变压器的并列运行条件

两台或多台电力变压器并列运行时，必须满足下列三个基本条件。

（1）并列电力变压器的额定一次电压和二次电压必须对应相等。也就是所有并列电力变压器的电压比必须相同，允许差值不得超过±5%。如果并列电力变压器的电压比不同，那么并列电力变压器二次绕组的回路内将出现环流，即二次电压较高的绕组将向二次电压较低的绕组供给电流，引起电能损耗，导致绕组过热甚至烧毁。

（2）并列电力变压器的短路电压（阻抗电压）必须相等。由于并列电力变压器的负荷是按其阻抗电压值（或阻抗标幺值）成反比分配的，如果阻抗电压相差过大，那么可能导致阻抗电压较小的电力变压器发生过负荷现象。所以并列运行的电力变压器的阻抗电压必须相等，允许差值不得超过±10%。

（3）并列电力变压器的联结组别必须相同。也就是所有并列电力变压器的一次电压和二次电压的相序和相位都应分别对应并相同，否则不能并列运行。假设两台并列运行的电力变压器，一台为 Yyn0 联结组别，另一台为 Dyn11 联结组别，则它们的二次电压将出现 30º 的相位差，从而在两台电力变压器的二次绕组间产生电位差 ΔU，如图 4-48 所示。这一 ΔU 将在两台电力变压器的二次侧产生一个很大的环流，可能使电力变压器绕组烧毁。

此外，并列运行的电力变压器容量应尽量相同或相近，其最大容量与最小容量之比，一般不宜超过 3∶1。如果容量相差悬殊，不仅运行很不方便，而且在电力变压器特性稍有差异时，电力变压器间的环流往往相当显著，很容易造成小容量电力变压器的过负荷。

图 4-48　Yyn0 联结组别的电力变压器与 Dyn11 联结组别的电力变压器并列运行时的二次电压相量图

例 4-3　现有一台 S9-800/10 型电力变压器与一台 S9-2000/10 型电力变压器并列运行，两台均为 Dyn11 联结组别的电力变压器。问负荷达到 2500kVA 时，各台电力变压器分担多少负荷？哪一台电力变压器可能过负荷？

解：并列运行的电力变压器之间的负荷分配是与电力变压器的阻抗标幺值成反比的，因此应先计算各台电力变压器的阻抗标幺值。电力变压器的阻抗标幺值按下式计算：

$$\left|Z_{\mathrm{T}}^{*}\right|=\frac{U_{\mathrm{k}}\%S_{\mathrm{d}}}{100S_{\mathrm{N}}}$$

式中，$U_{\mathrm{k}}\%$ 为电力变压器的短路电压（阻抗电压）百分值；S_{N} 为电力变压器的额定容量（kVA）；S_{d} 为阻抗标幺值的基准容量，通常取 $S_{\mathrm{d}}=100\mathrm{MVA}=10^{5}\,\mathrm{kVA}$。

两台电力变压器的阻抗标幺值为

$$\left|Z_{\mathrm{T1}}^{*}\right|=\frac{5\times10^{5}\,\mathrm{kVA}}{100\times800\mathrm{kVA}}=6.25$$

$$\left|Z_{\mathrm{T2}}^{*}\right|=\frac{6\times10^{5}\,\mathrm{kVA}}{100\times2000\mathrm{kVA}}=3.00$$

由此可求得两台电力变压器在负荷达 2500kVA 时各自负担的负荷为

$$S_{\mathrm{T1}}=2800\mathrm{kVA}\times\frac{3.00}{6.25+3.00}=908\mathrm{kVA}$$

$$S_{\mathrm{T2}}=2800\mathrm{kVA}\times\frac{6.25}{6.25+3.00}=1892\mathrm{kVA}$$

由此可知 S9-800/10 型电力变压器将过负荷 108kVA。

4.6　互感器及其选择

互感器是电流互感器和电压互感器的统称。就基本结构原理而言，互感器就是一种特殊的电力变压器。

电流互感器（缩写为 CT，文字符号为 TA）是一种变换电流（将大电流变换为小电流）的互感器，其二次侧额定电流一般为 5A。

电压互感器（缩写为 PT，文字符号为 TV）是一种变换电压（将高电压变换为低电压）的互感器，其二次侧额定电压一般为 100V。

互感器的主要功能如下。

（1）使仪表、继电器等二次设备与主电路（一次电路）绝缘。这既可避免主电路的高电压直接引入仪表、继电器等二次设备，又可防止仪表、继电器等二次设备的故障影响主电路，提高一、二次电路的安全性和可靠性，有利于人身安全。

（2）扩大仪表、继电器等二次设备的应用范围。通过采用不同变流比的电流互感器，用一只 5A 量程的电流表就可以测量任意大的电流。同样，通过采用不同变压比的电压互感器，用一只 100V 量程的电压表就可以测量任意高的电压。而且采用互感器可统一仪表、继电器等二次设备的规格，有利于这些设备的批量生产。

4.6.1 电流互感器

1. 电流互感器的基本结构和接线方案

电流互感器的基本结构和接线如图 4-49 所示。其结构特点：一次绕组的匝数很少，有的电流互感器还没有一次绕组，而是利用穿过其铁芯的一次电路作为一次绕组（相当于一次绕组的匝数为 1），且一次绕组导体相当粗，而二次绕组虽匝数多但导体较细。工作时，一次绕组串联在一次电路中，二次绕组则与仪表、继电器的电流线圈串联形成一个闭合回路。由于电流线圈的阻抗很小，因此电流互感器工作时二次回路接近于短路状态。图中 P_1、P_2 为电流互感器一次绕组标志；S_1、S_2 为电流互感器二次绕组标志。

电流互感器的一次电流 I_1 与其二次电流 I_2 之间有下列关系：

$$I_1 \approx \frac{N_2}{N_1} I_2 \approx K_i I_2 \tag{4-12}$$

式中，N_1、N_2 为一次绕组和二次绕组的匝数；K_i 为变流比，一般表示为其一、二次侧的额定电流之比，即 $K_i = I_{1N} / I_{2N}$。

电流互感器在三相电路中有如下四种常见的接线方案。

（1）一相式接线（见图 4-50）电流线圈通过的电流，反映一次电路对应相的电流。这种接线通常用于负荷平衡的三相电路，如在低压动力线路中，供测量电流或接过负荷保护装置之用。

1—铁芯；2——次绕组；3—二次绕组。

图 4-49　电流互感器的基本结构和接线

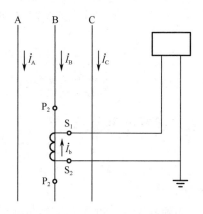

图 4-50　电流互感器的一相式接线方案

（2）两相 V 形接线（见图 4-51），这种接线也称为两相不完全星形接线。在继电保护装置中，这种接线称为两相两继电器接线。它在中性点不接地的三相三线制电路中（如 6～10kV 电路），广泛用于三相电流、电能的测量和过电流继电保护。由图 4-52 的相量图可知，两相 V

形接线公共线上的电流为 $\dot{I}_a + \dot{I}_c = -\dot{I}_b$，其反映的是未接电流互感器的那一相（B 相）的电流。

图 4-51　电流互感器的两相 V 形接线方案

图 4-52　两相 V 形接线电流互感器的一、二次侧电流相量图

（3）两相电流差接线（见图 4-53）。由图 4-54 的相量图可知，二次侧公共线上的电流为 $\dot{I}_a - \dot{I}_c$，其量值为相电流的 $\sqrt{3}$ 倍。这种接线也用于中性点不接地的三相三线制电路（如 6～10kV 电路）中的过电流继电保护。故这种接线也称为两相一继电器接线。

图 4-53　电流互感器的两相电流差接线方案

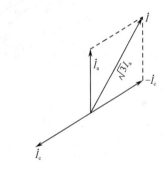

图 4-54　电流互感器的两相电流差接线方案相量图

（4）三相星形接线（见图 4-55）。这种接线中的三个电流线圈，正好反映各相电流，广泛应用在负荷一般不平衡的三相四线制系统（如低压 TN 系统）中，也用在负荷可能不平衡的三相三线制系统中，用于三相电流、电能测量和过电流继电保护等。

2．电流互感器的类别和型号

电流互感器的类型很多。按其一次绕组的匝数分，有单匝式（包括母线式、芯柱式、套管式）和多匝式（包括线圈式、线环式、串级式）。按一次电压高低分，有高压和低压两大类。按绝缘及冷却方式分，有干式（含树脂浇注绝缘式）和油浸式两大类。按用途分，有测量用和保护用两大类。按准确度等级分，测量用电流互感器有 0.1、0.2、

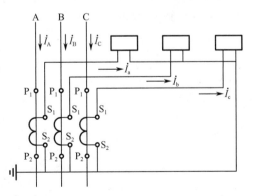

图 4-55　电流互感器的三相星形接线方案

0.5、1、3、5 几个等级。保护用电流互感器有 5P 和 10P 两级。

高压电流互感器多制成不同准确度等级的两个铁芯和两个绕组，分别接测量仪表和继电器，以满足测量和保护的不同准确度要求。电气测量对电流互感器的准确度要求较高，且要求在短路时仪表受的冲击小，因此测量用电流互感器的铁芯在一次电路短路时应易于饱和，以限制二次电流的增长倍数。继电保护用电流互感器的铁芯则要求在一次电路短路时不应饱和，使二次电流能与一次短路电流成比例地增长，以适应保护灵敏度的要求。

以下两种电流互感器都是环氧树脂或不饱和树脂浇注其绝缘，相比老式的油浸式电流互感器和干式电流互感器的尺寸小、性能好、安全可靠，因此现在生产的高低压成套配电装置中基本上都采用这类新型电流互感器。

应用广泛的树脂浇注绝缘的户内高压 LQJ-10 型电流互感器（见图 4-56）有两个铁芯和两个二次绕组，分别为 0.5 级（测量用）和 3 级（保护用）。

1——一次接线端子；2——一次绕组（树脂浇注）；3——二次接线端子；4——铁芯；
5——二次绕组；6——警示牌（上写"二次侧不得开路"等字样）。

图 4-56　LQJ-10 型电流互感器

应用广泛的树脂浇注绝缘的户内低压 LMZJ1-0.5 型（500～800/5A）电流互感器（见图 4-57）自身无一次绕组，穿过其铁芯的母线就是其一次绕组（相当于 1 匝）。用于 500V 及以下的配电装置中测量电流和电能。

1——铭牌；2——一次母线穿孔；3——铁芯（外绕二次绕组，树脂浇注）；
4——安装板；5——二次接线端子。

图 4-57　户内低压 LMZJ-0.5 型电流互感器

电流互感器全型号的表示及含义：

3．电流互感器的选择和校验

电流互感器应按装设地点的条件及额定电压、一次电流、二次电流（一般为 5A）、准确度等级等条件进行选择，并校验其短路动稳定度和热稳定度。

必须注意：电流互感器的准确度等级与其二次负荷容量有关。电流互感器的二次负荷 S_2 不得大于其准确度等级所限定的额定二次负荷 S_{2N}，因此电流互感器满足准确度等级要求的条件为

$$S_{2N} \geqslant S_2 \tag{4-13}$$

电流互感器的二次负荷 S_2 由其二次回路阻抗 $|Z_2|$ 决定，$|Z_2|$ 应包括二次回路中所有串联仪表、继电器电流线圈的阻抗 $\Sigma|Z_i|$、连接导线的阻抗 $|Z_{WL}|$ 和所有接头的接触电阻 R_{XC} 等。由于 $\Sigma|Z_i|$ 和 $|Z_{WL}|$ 中的感抗远比其电阻小，因此二次回路阻抗为

$$|Z_2| \approx \Sigma|Z_i| + |Z_{WL}| + R_{XC} \tag{4-14}$$

式中，$|Z_i|$ 可从有关仪表、继电器的产品样本中查得；$|Z_{WL}| \approx R_{WL} = l/(\gamma A)$，其中 γ 为导线的电导率，铜线的 $\gamma_{Cu}=53\mathrm{m}/(\Omega\cdot\mathrm{mm}^2)$，铝线的 $\gamma_{Al}=32\mathrm{m}/(\Omega\cdot\mathrm{mm}^2)$，$A$ 为导线截面积（mm^2），l 为二次回路连接导线的计算长度（m）。假设电流互感器到仪表、继电器的纵向长度为 l_1，则电流互感器三相星形接线时 $l=l_1$；两相 V 形接线时 $l = \sqrt{3}l_1$；一相式接线时 $l=2l_1$。R_{XC} 很难准确确定而且是可变的，一般近似地取 $R_{XC} = 0.1\Omega$。

电流互感器的二次负荷 S_2 的计算式为

$$S_2 = I_{2N}^2|Z_2| \approx I_{2N}^2(\Sigma|Z_i| + R_{WL} + R_{XC})$$

或　　　　　　　　$$S_2 \approx \Sigma S_i + I_{2N}^2(R_{WL} + R_{XC}) \tag{4-15}$$

保护用电流互感器通常采用 10P 准确度等级，其复合误差限值为 10%。由式（4-15）得出，在电流互感器准确度等级一定（允许的二次负荷 S_2 值一定）的条件下，二次负荷阻抗与其二次电流或一次电流的平方成反比。因此一次电流越大则允许的二次负荷阻抗越小；反之，一次电流越小则允许的二次负荷阻抗越大。电流互感器的生产厂家一般按出厂试验数据绘制电流互感器的误差为 10% 时一次电流倍数 K_1（I_1/I_{1N}）与允许的二次负荷阻抗 $|Z_{2.al}|$ 的关系曲线（简称 10% 误差曲线或 10% 倍数曲线），如图 4-58 所示。如果已知电流互感器的一次电流倍数，就可从相应的 10% 误差曲线上查得对应允许的二次负荷阻抗。因此，电流互感器满足保护的 10%

误差要求条件为

$$|Z_{2.al}| \geq |Z_2| \tag{4-16}$$

假如电流互感器不满足式（4-13）或式（4-16）的要求，则应改选较大变流比或具有较大的 S_{2N} 或 $|Z_{2.al}|$ 的电流互感器，或者加大二次接线的截面。电流互感器的二次接线按规定应采用电压不低于 500V，截面积不小于 2.5mm^2 的铜芯绝缘导线。

图 4-58　某型电流互感器的 10%误差曲线

关于电流互感器短路稳定度的校验，现在不少新产品直接给出了动稳定电流峰值和 1s 热稳定电流有效值。

动稳定倍数 $K_{es} = i_{max} / (\sqrt{2} I_{1N})$，因此其动稳定度校验条件为

$$K_{es} \times \sqrt{2} I_{1N} \geq i_{sh}^{(3)} \tag{4-17}$$

热稳定倍数 $K_t = I_t / I_{1N}$，因此其热稳定度校验条件为

$$(K_t I_{1N})^2 t \geq I_\infty^{(3)2} t_{ima} \text{ 或 } K_t I_{1N} \geq I_\infty^{(3)} \sqrt{\frac{t_{ima}}{t}} \tag{4-18}$$

一般电流互感器的热稳定试验时间 $t = 1s$，因此其热稳定度校验条件可改写为

$$K_t I_{1N} \geq I_\infty^{(3)} \sqrt{t_{ima}} \tag{4-19}$$

4. 电流互感器的使用注意事项

1）电流互感器在工作时其二次侧不得开路

电流互感器正常工作时其二次负荷很小，接近于短路状态。根据磁动势平衡方程式，$I_1 N_1 - I_2 N_2 = I_0 N_1$（电流方向如图 4-49 所示），其一次电流 I_1 产生的磁动势 $I_1 N_1$ 绝大部分被二次电流 I_2 产生的磁动势 $I_2 N_2$ 所抵消，所以总的磁动势 $I_0 N_1$ 很小，励磁电流（空载电流）I_0 只有一次电流 I_1 的百分之几。但是当二次侧开路时，$I_2 = 0$，这时迫使 $I_0 N_1 = I_1 N_1$，而 I_1 是一次电路的负荷电流，与电流互感器二次负荷无关。现在 $I_0 = I_1$，I_0 将突然增大几十倍，即磁动势 $I_0 N_1$ 突然增大几十倍，因此将产生以下严重后果：①铁芯因磁通剧增而过热并产生剩磁，降低了铁芯准确度等级。②由于电流互感器二次绕组的匝数远比一次绕组多，因此可在二次侧感应出危险的高电压，危及人身和设备安全。所以电流互感器在工作时二次侧不得开路，这就要求在安装时，其二次接线必须牢固可靠，且其二次侧不允许接入熔断器和开关。

2）电流互感器的二次侧有一端必须接地

电流互感器的二次侧有一端必须接地是为了防止其一、二次绕组间绝缘击穿时，一次侧的高电压窜入二次侧，危及人身和设备的安全。

3）电流互感器在连接时必须注意端子的极性

按照规定，我国互感器和电力变压器的绕组端子均采用"减极性"标号法。

所谓"减极性"标号法，就是电流互感器按图 4-59 所示接线时，一次绕组接上电压 U_1，二次绕组就感应出电压 U_2。这时将一对同名端（均标有"•"者）短接，则在另一对同名端测出的电压为 $U_1 = |U_1 - U_2|$。

"减极性"标号法所确定的同名端，在同一瞬间同为高电位或同为低电位，所以同名端又称同极性端。

GB 1208—2006《电流互感器》规定，电流互感器一次绕组标志为 P_1、P_2，二次绕组标志为 S_1、S_2，其中 P_1 与 S_1、P_2 与 S_2 分别为对应的同名端。如果一次电流 I_1 从 P_1 流向 P_2，则二次电流 I_2 从 S_2 流向 S_1，如图 4-59 所示。

图 4-59　互感器的"减极性"标号法

安装和使用电流互感器时一定要注意其端子的极性，否则其二次仪表、继电器中流过的电流就不是预想的电流，甚至引起事故。例如，两相 V 形接线方案中如果电流互感器的 S_1、S_2 接反，则二次侧公共线中的电流就不是相电流，而是相电流的 $\sqrt{3}$ 倍，可能使电流表烧毁。

4.6.2　电压互感器

1. 电压互感器的基本结构和接线方案

电压互感器的基本结构和接线如图 4-60 所示。其结构特点：一次绕组匝数很多，而二次绕组匝数较少，相当于降压电力变压器。工作时一次绕组并联在一次电路中，二次绕组则与仪表、继电器的电压线圈并联。由于电压线圈的阻抗很大，因此电压互感器工作时其二次绕组接近于空载状态。

电压互感器的一次电压 U_1 与其二次电压 U_2 的关系为

$$U_1 \approx \frac{N_1}{N_2} U_2 \approx K_u U_2 \qquad (4\text{-}20)$$

式中，N_1、N_2 为电压互感器一、二次绕组的匝数；K_u 为电压互感器的变压比，即额定一、二次电压之比。

1—铁芯；2——一次绕组；3—二次绕组。

图 4-60　电压互感器的基本结构和接线

电压互感器在三相电路中有如下四种常见的接线方案。

（1）一个单相电压互感器的接线方案（见图 4-61）。供仪表、继电器接于一个线电压。

图 4-61　一个单相电压互感器的接线方案

（2）两个单相电压互感器接成 V/V 形的接线方案（见图 4-62）。供仪表、继电器接于三相三线制电路的各个线电压，它广泛应用在工厂变配电所的 6～10kV 高压配电装置中。

图 4-62　两个单相电压互感器接成 V/V 形的接线方案

（3）三个单相电压互感器接成 Y_0/Y_0 形的接线方案（见图 4-63）。供电给要求线电压的仪表、继电器，并供电给接相电压的绝缘监视电压表。由于小接地电流系统在一次侧发生单相接地时，另两相电压要升高到线电压，因此绝缘监视电压表的量程不能按相电压选择，而应按线电压选择，否则在发生单相接地时，电压表可能被烧毁。

图 4-63　三个单相电压互感器接成 Y0/Y0 形的接线方案

（4）三个单相三绕组电压互感器或一个三相五芯柱三绕组电压互感器接成 $Y_0/Y_0/\Delta$（开口三角）形（见图 4-64）的接线方案。其中接成 Y0 的二次绕组，供电给需线电压的仪表、继电器及绝缘监视用电压表，与图 4-63 的二次接线相同。接成Δ形的辅助二次绕组接电压继电器。当一次电压正常时三个相电压对称，因此开口三角形开口两端的电压接近于零。当一次电路有一相接地时，开口三角形开口两端将出现近 100V 的零序电压，使电压继电器动作，发出故障信号。

2．电压互感器的类型和型号

电压互感器按相数分，有单相和三相两类。按绝缘及冷却方式分，有干式（含树脂浇注

104

式）和油浸式两类。图 4-65 是应用广泛的单相三绕组，环氧树脂浇注绝缘的户内 JDZJ-10 型电压互感器外形。三个 JDZJ-10 型电压互感器接成图 4-64 所示的 $Y_0/Y_0/\Delta$ 形，供小接地电流系统作电压、电能测量及绝缘监视用。

图 4-64　三个单相三绕组电压互感器或一个三相五芯柱三绕组电压互感器接成 $Y_0/Y_0/\Delta$（开口三角）形的接线方案

1——次接线端子；2—高压绝缘套管；3——、二次绕组（环氧树脂浇注）；4—铁芯（壳式）；5—二次接线端子。

图 4-65　户内 JDZJ-10 型电压互感器

电压互感器全型号的表示及含义：

3．电压互感器的选择

电压互感器应按装设地点的条件及一次电压、二次电压（一般为 100V）、准确度等级等条件进行选择。

电压互感器的准确度等级也与其二次负荷容量有关，要求的条件也是 $S_{2N} \geqslant S_2$，这里 S_2 为其二次侧所有仪表、继电器电压线圈所消耗的总视在功率，即

$$S_2 = \sqrt{(\Sigma P_u)^2 + (\Sigma Q_u)^2} \tag{4-21}$$

式中，$\Sigma P_u = \Sigma(S_u \cos\varphi_u)$、$\Sigma Q_u = \Sigma(S_u \sin\varphi_u)$ 分别为仪表、继电器电压线圈消耗的总有功功率和总无功功率。

4．电压互感器的使用注意事项

1）电压互感器在工作时其二次侧不得短路

由于电压互感器一、二次绕组都是在并联状态下工作的，如果二次侧短路，将产生很大的短路电流，有可能烧毁互感器，甚至影响一次电路的安全运行。因此电压互感器的一、二次侧都必须装设熔断器以进行短路保护。

2）电压互感器的二次侧有一端必须接地

这与电流互感器的二次侧接地的目的相同，也是为了防止一、二次绕组间的绝缘击穿时，一次侧的高电压窜入二次侧，危及人身和设备的安全。

3）电压互感器在连接时也必须注意极性

电压互感器的一、二次绕组端子，按 GB 1207—2006《电压互感器》规定，单相分别标 A、N 和 a、n，其中 A 与 a、N 与 n 分别为对应的同名端（同极性端）；三相按相序，一次标 A、B、C、N，二次标 a、b、c、n，其中 A 与 a、B 与 b、C 与 c、N 与 n 分别为对应的同名端（同极性端）。

4.7 工厂变配电所的主接线图

主接线图或主电路图表示电力系统中电能输送和分配路线的电路图。

二次接线图或二次电路图表示控制、指示、测量和保护主电路及其中设备运行的电路图。

对工厂变配电所主接线方案的基本要求如下。

1）安全

应符合国家标准和有关技术规范的要求，能充分保证人身和设备的安全。例如，在高压断路器的电源侧及可能反馈电能的负荷侧，必须装设高压隔离开关；对低压断路器也一样，在其电源侧及可能反馈电能的负荷侧，必须装设低压隔离开关（刀开关）。

2）可靠

应满足各级电力负荷对供电可靠性的要求。例如，对一、二级重要负荷，其主接线方案应考虑两台主电力变压器，且一般应为双电源供电。

3）灵活

应能适应供电系统所需的各种运行方式，便于操作和维护，并能适应负荷的发展，有扩充改建的可能性。

4）经济

在满足上列要求的前提下，应尽量使主接线简单，投资少，运行费用低。为节约电能和有色金属，应尽可能选用技术先进又经济实用的节能产品。

4.7.1 高压配电所的主接线图

高压配电所的任务是从电力系统受电并向各车间变电所及高压用电设备配电。主接线图的形式，根据需要可分为"系统式"和"装置式"。前者按照电能输送的顺序反映各设备的相互连接关系，这种主接线图全面、系统，多在运行管理中使用；后者按照高压或低压成套配电装置的排列位置反映其相互连接关系，各成套配电装置内部设备和接线，以及各装置之间的相互连接与排列位置一目了然，适于安装施工使用。图 4-66 和图 4-67 分别为同一高压配电所的"系统式"主接线图及"装置式"主接线图。

图 4-66　高压配电所及其附设 2 号车间变电所的 "系统式" 主接线图

No.101	No.102	No.103	No.104	No.105	No.106		No.107	No.108	No.109	No.110	No.111	No.112
电能计量柜	1号进线 开关柜	避雷器与 电压互感器	电线柜	电线柜	电线柜	GN6-10/400	电线柜	电线柜	电线柜	避雷器与 电压互感器	2号进线 开关柜	电能计量柜
GG-1A-J	GG-1A(F) -11	GG-1A(F) -54	GG-1A (F)-03	GG-1A (F)-03	GG-1A (F)-03		GG-1A (F)-03	GG-1A (F)-03	GG-1A (F)-03	GG-1A(F) -54	GG-1A(F) -11	GG-1A-J

图 4-67 高压配电所的"装置式"主接线图

1. 电源进线

这个配电所有两路 10kV 电源进线，一路是架空线路 WL_1，另一路是电缆线路 WL_2。最常见的进线方式是：一路电源来自发电厂或电力系统变电站，作为正常工作电源；而另一路电源则来自邻近单位的高压联络线，作为备用电源。

我国 1996 年发布施行的《供电营业规则》规定："对 10kV 及以下电压供电的用户，应配置专用的电能计量柜（箱）；对 35kV 及以上电压供电的用户，应有专用的电流互感器二次线圈和专用的电压互感器二次连接线，并不得与保护回路、测量回路共用。"因此在这两路电源进线的开关柜之前，各装有一台电能计量柜（图中 No.101 柜和 No.112 柜，也可在进线开关柜之后），其中电流互感器和电压互感器专门用来连接计费电能表。

考虑到进线断路器在检修时有可能两端来电，因此为保证断路器检修人员的安全，断路器两端均装有高压隔离开关。

2. 母线

高压配电所通常采用单母线制。若是两路电源进线，则采用高压隔离开关或高压断路器（其两侧装隔离开关）分段的单母线制。

图 4-67 所示的高压配电所通常采用一路电源工作、另一路电源备用的运行方式，因此母线分段开关通常是闭合的，高压并联电容器组对整个配电所的无功功率都进行补偿。当工作电源进线发生故障或进行检修时，在该进线切除后，投入备用电源即可使整个配电所恢复供电。若备用电源自动投入装置，则可进一步提高供电的可靠性。

为了测量、监视、保护和控制主电路设备，每段母线上都接有电压互感器，进线和出线上均串接有电流互感器。高压电流互感器均有两个二次绕组，其中一个接测量仪表，另一个接继电保护。为了防止雷电过电压侵入配电所时击毁其中的电气设备，各段母线上都装设了避雷器。避雷器与电压互感器同装在一个高压柜内，且共用一组高压隔离开关。

3. 高压配电出线

图 4-67 所示的高压配电所共有 6 路高压出线。有两路分别由两段母线经隔离开关-断路器配电给 2 号车间变电所；有一路由左段母线 WB_1 经隔离开关-断路器供 1 号车间变电所用电；有一路由右段母线 WB_2 经隔离开关-断路器供 3 号车间变电所用电；有一路由左段母线 WB_1 经隔离开关-断路器供无功补偿用的高压并联电容器组用电；还有一路由右段母线 WB_2 经隔离开关-断路器供一组高压电动机用电。所有出线断路器的母线侧均加装了隔离开关，以保证断路器和出线的安全检修。

4.7.2 车间变电所和小型工厂变电所的主接线图

车间变电所和小型工厂变电所是将 6～10kV 降为一般用电设备所需低压（220/380V）的终端变电所。

1. 车间变电所主接线图

按照车间变电所高压侧的主接线，车间变电所主接线分两种情况。

1）有工厂总降压变电所或高压配电所的车间变电所主接线图（见图 4-68）

高压侧的开关电器、保护装置和测量仪表等一般都安装在高压配电线路的首端（总降压变电所、高压配电所的高压配电室内），车间变电所只设电力变压器室和低压配电室。高压侧大多不装开关，或只装简单的隔离开关、熔断器、避雷器等。凡是高压架空进线，户内或户外式变电所均须装设避雷器以防雷电波沿架空线侵入变电所；高压电缆进线时避雷器装设在电缆首端，其避雷器的接地端要连同电缆的金属外皮一起接地。若电力变压器高压侧为架空线加一段引入电缆的进线方式，则电力变压器高压侧仍应装设避雷器。

QS—隔离开关；QL—负荷开关；FD—跌开式熔断器；FV—避雷器。

(a) 高压电缆进线；　(b) 高压电缆进线，装隔离开关；　(c) 高压电缆进线，装隔离开关-熔断器；
(d) 高压电缆进线，装负荷开关-熔断器；　(e) 高压架空进线，装跌开式熔断器和避雷器；　(f) 高压架空进线，装隔离开关和避雷器；
(g) 高压架空进线，装隔离开关-熔断器和避雷器；　(h) 高压架空进线，装负荷开关-熔断器和避雷器。

图 4-68　车间变电所高压侧的主接线图（示例）

2）无工厂总降压变电所和高压配电所的车间变电所主接线图

车间变电所就是工厂的降压变电所，其高压侧的开关电器、保护装置和测量仪表等都必须配备齐全，所以一般要设置高压配电室。在电力变压器容量较小、供电可靠性要求较低的情况下，也可以不设高压配电室，其熔断器、隔离开关、负荷开关及跌开式熔断器等装在电力变压器室的墙上或电杆上，而在低压侧计量电能。如果高压开关柜不多于6台，高压开关柜也可装在低压配电室内，仍在高压侧计量电能。

2. 小型工厂变电所主接线图

1）只装有一台主电力变压器的小型工厂变电所主接线图

只装有一台主电力变压器的小型工厂变电所的高压侧一般采用无母线的接线。根据其高压侧采用的开关电器不同，有 3 种比较典型的主接线方案。

（1）高压侧采用隔离开关-熔断器或户外跌开式熔断器的变电所主接线图（见图 4-69）。

这种主接线方案简单经济，由于隔离开关和户外跌开式熔断器不能带负荷操作，一般只适用于容量 500kVA 及以下、三级负荷的小型变电所。

（2）高压侧采用负荷开关-熔断器的变电所主接线图（见图 4-70）。

由于负荷开关能带负荷操作，从而使变电所停电和送电的操作比上述主接线方案（见图 4-69）要便捷得多，也不存在带负荷拉闸的问题。在发生过负荷时，负荷开关装的热脱扣器产生保护动作，使开关跳闸。但在发生短路故障时也是熔断器熔断，因此这种主接线方案的供电可靠性仍然不高，一般也只用于三级负荷的小型工厂变电所。

（3）高压侧采用隔离开关-断路器的变电所主接线图（见图 4-71 和图 4-72）。

图 4-71 是高压侧采用隔离开关-断路器的变电所主接线图。由于采用了高压断路器，因此工厂变电所的停、送电操作十分灵活方便，同时高压断路器都配备继电保护装置，在工厂变电

所发生短路或过负荷时均能自动跳闸，而且在故障和异常情况消除后，又可直接迅速合闸从而使恢复供电的时间大大缩短。若配备自动重合闸装置，则供电可靠性可进一步提高。图 4-71只有一路电源进线，因此一般也只用于三级负荷的小型工厂变电所，但供电容量较大。图 4-72有两路电源进线，因此供电可靠性更高，可给二级负荷供电。如果另有备用电源，或低压侧具有与其他工厂变电所的联络线，还可给少量一级负荷供电。

图 4-69　高压侧采用隔离开关-熔断器或户外跌开式熔断器的变电所主接线图

图 4-70　高压侧采用负荷开关-熔断器的变电所主接线图

图 4-71　高压侧采用隔离开关-断路器的变电所主接线图

图 4-72　高压双电源进线的一台主电力变压器变电所主接线图

2）装有两台主电力变压器的总降压变电所主接线图

（1）一次侧采用内桥式接线、二次侧采用单母线分段的总降压变电所主接线图（见图4-73）。

一次侧的高压断路器 QF_{10} 跨接在两路电源进线 WL_1 和 WL_2 之间，犹如一座桥梁，而且处于线路断路器 QF_{11} 和 QF_{12} 的内侧，靠近主电力变压器，因此称为"内桥式"接线。这种主接线的运行灵活性较好，供电可靠性较高，适用于一、二级负荷的工厂。当 WL_1 线路电源停电检修或发生故障时，则断开 QF_{11}，投入 QF_{10}（其两侧 QS 先行闭合），即可由 WL_2 线路恢复对电力变压器 T_1 的供电。这种内桥式接线多用于因电源线路较长而发生故障或停电检修，并且变电所电力变压器无须经常切换的总降压变电所。

（2）一次侧采用外桥式接线、二次侧采用单母线分段的总降压变电所主接线图（见图4-74）。

一次侧的高压断路器 QF_{10} 也跨接在两路电源进线 WL_1 和 WL_2 之间，但处在线路断路器 QF_{11} 和 QF_{12} 的外侧，靠近电源方向，因此称为"外桥式"接线。这种主接线的运行灵活性也较好，供电可靠性同样较高，也适用于一、二级负荷的工厂。但是这种外桥式接线与内桥式接线适用的场合有所不同。当某台电力变压器（如 T_1）停电检修或发生故障时，断开 QF_{11}，投入 QF_{10}（其两侧 QS 先行闭合），可使两路电源进线又恢复并列运行。这种外桥式接线适用于电源线路较短而变电所昼夜负荷变动较大，为运行经济而需要经常切换电力变压器的总降压变电所。当一次电源线路采用环形接线时，也宜于采用这种接线，使环形电网的穿越功率不通过进线断路器 QF_{11} 和 QF_{12}，这对线路断路器工作的改善及其继电保护的整定都极为有利。

图4-73　一次侧采用内桥式接线的总降压
　　　　变电所主接线图

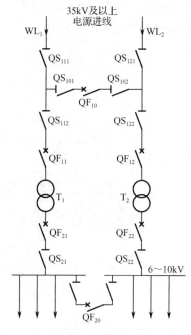

图4-74　一次侧采用外桥式接线的总降压
　　　　变电所主接线图

（3）一、二次侧均采用单母线分段的总降压变电所主接线图（见图4-75）。

这种主接线兼有上述内桥式和外桥式两种接线的运行灵活性的优点，但所用高压开关设备较多，投资较大。适用于一、二级负荷的工厂，适用于一、二次侧进出线较多的总降压变电所。

（4）一、二次侧均采用双母线的总降压变电所主接线图（见图4-76）。

采用双母线接线相比采用单母线接线，供电可靠性和运行灵活性大大提高，但所用开关设备也相应大大增加，从而大大增加了初始投资，所以这种双母线接线在工厂变电所中很少采用，它主要用于电力系统的枢纽变电站。

图 4-75　一、二次侧均采用单母线分段的总降
压变电所主接线图

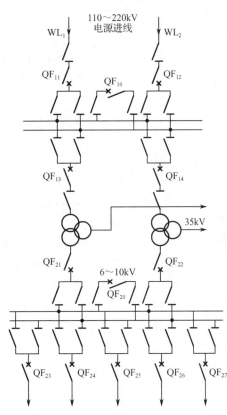

图 4-76　一、二次侧均采用双母线的总降
压变电所主接线图

本章小结

本章首先介绍了工厂变配电所的任务、类型和所址选择，然后讲述电气设备（特别是开关设备）运行中的电弧问题及灭弧方法，由此提出了对电气触头的基本要求。接着分别介绍了高压一次设备、低压一次设备、电力变压器、互感器的结构、性能及其选择。最后介绍了工厂变配电所的主接线图及其布置、结构和安装图。本章内容属于本节的主体内容之一。

复习思考题

4-1　车间附设变电所与车间内变电所相比较，各有哪些优缺点？各适用于什么情况？

4-2　变配电所所址选择需考虑哪些要求？所址靠近负荷中心有哪些好处？如何确定负荷中心？

4-3 开关触头间产生电弧的根本原因是什么？产生电弧的游离方式有哪几种？使电弧维持的游离方式主要是什么？

4-4 电弧熄灭必须满足什么条件？空气中灭弧、真空中灭弧、绝缘油中灭弧及填充石英砂的熔管中灭弧，各有哪些特点？

4-5 长弧切短和粗弧分细，为什么能加速电弧的熄灭？为什么迅速拉长电弧也能加速电弧的熄灭？

4-6 熔断器的主要功能是什么？什么是限流熔断器？什么是"冶金效应"？

4-7 一般高压跌开式熔断器与一般高压熔断器在功能方面有何异同？负荷型高压跌开式熔断器与一般高压跌开式熔断器在功能方面又有哪些区别？

4-8 高压隔离开关有哪些功能？为什么不能带负荷操作？为什么能作为隔离电器来保证安全检修？

4-9 高压负荷开关有哪些功能？它本身能装设什么脱扣器？如何实现短路保护？

4-10 高压断路器有哪些功能？少油断路器中的油和多油断路器中的油各起什么作用？

4-11 油断路器、真空断路器和 SF_6 断路器，各自的灭弧介质是什么？灭弧性能各如何？这三种断路器各适用于哪些场合？

4-12 熔断器的选择校验应满足哪些条件？高压隔离开关、负荷开关和断路器的选择校验应满足哪些条件？低压刀开关、负荷开关和断路器的选择校验又各应满足哪些条件？

4-13 我国工厂变电所中应用的电力变压器，按其绕组绝缘和冷却方式分有哪些类型？各适用于什么场合？电力变压器有哪些联结组别？各自适用于什么场合？

4-14 什么是电力变压器的额定容量？其实际容量（出力）如何计算？什么叫正常过负荷和事故过负荷？各与哪些因素有关？油浸式电力变压器的正常过负荷，在室内最多可过负荷多少？在室外最多可过负荷多少？

4-15 工厂或车间变电所的主电力变压器台数和容量各如何选择？电力变压器并列运行应满足哪些条件？

4-16 电流互感器和电压互感器各有哪些功能？电流互感器工作时开路有哪些问题？

4-17 电流互感器和电压互感器的选择校验各应考虑哪些条件？

4-18 对变配电所主接线的设计有哪些要求？内桥式接线与外桥式接线各有什么特点？各适用于什么情况？

习题

4-1 某厂的有功计算负荷为 2500kW，功率因数经补偿后达到 0.91（最大负荷时）。该厂 10kV 进线上拟安装一台 SN10-10 型少油断路器，其主保护动作时间为 0.9s，断路器断路时间为 0.2s，其 10kV 母线上的 I_k=18kA。试选择此少油断路器的规格。

4-2 某 10/0.4kV 的车间变电所，总计算负荷为 780kVA，其中一、二级负荷为 460kVA。当地年平均气温为 25℃。试初步选择该车间变电所主电力变压器的台数和容量。

4-3 某 10/0.4kV 的车间变电所，装有一台 S9-1000/10 型电力变压器。现负荷增长，计算负荷达 1300kVA。问增加一台 S9-315/10 型电力变压器与 S9-1000/10 型电力变压器并列运行，有没有什么问题？如果引起过负荷，将是哪一台过负荷？（电力变压器均为 Yyn0 联结组别）

4-4　某 10kV 线路上装有 LQJ-10 型电流互感器（A 相和 C 相各一个），其 0.5 级的二次绕组接测量仪表，其中电流表消耗功率 3VA，有功电能表和无功电能表的每一个电流线圈的消耗功率均为 0.7VA；其 3 级的二次绕组接电流继电器，其线圈消耗功率为 15VA。电流互感器二次回路接线采用 BV-500-1×2.5mm^2 的铜芯塑料线，电流互感器至仪表、继电器的接线单向长度为 2m。试校验此电流互感器是否符合要求？

第5章 工厂电力线路

> **学习目标与重点**

　　◇ 了解工厂电力线路的任务、类型及接线方式。
　　◇ 掌握工厂电力线路的架空线路和电缆线路的结构和敷设。
　　◇ 了解导线和电缆截面的选择。

> **关键术语**

　　电力线路；高压线路；低压线路；架空线路；电缆线路

5.1 工厂电力线路及其接线方式

　　电力线路是电力系统的重要组成部分，担负着输送和分配电能的重要任务。电力线路按电压的高低可分为高压线路（1kV 以上线路）和低压线路（1kV 及以下线路）。也有的细分为低压线路（1kV 以下）、中压线路（1～35kV）、高压线路（35kV 以上至 220kV）和超高压线路（220kV 以上），但其电压等级的划分并不十分统一和明确。

　　电力线路按其结构形式可分为架空线路、电缆线路和车间（室内）线路等。

5.1.1 高压线路的接线方式

　　工厂的高压线路的基本接线方式有放射式、树干式和环形等。

1. 高压放射式接线

　　高压放射式接线（见图 5-1）的线路之间互不影响，因此其供电可靠性较高，而且便于装设自动装置，保护装置也比较简单，但是其采用的高压开关设备数较多，且每台断路器必须装设一个高压开关柜，从而使投资增加。而且当发生故障或检修时，该线路所供电的负荷都要停电。要提高其供电可靠性，可在各车间变电所的高压侧之间或低压侧之间敷设联络线。如果要进一步提高其供电可靠性，可采用来自两个电源的两路高压进线，然后经分段母线，由两段母线用双回路对重要负荷交叉供电，如图 1-1 中的 2 号车间变电所的配电方式。

2. 高压树干式接线

　　高压树干式接线（见图 5-2）与高压放射式接线相比，具有以下优点：多数情况下，能减少线路的有色金属消耗量；采用的高压开关设备数较少，投资较小。但有以下缺点：供电可靠性较低，当干线发生故障或检修时，接于干线的所有变电所都要停电，且在实现自动化方面适应性较差。要提高其供电可靠性，可采用双干线供电或两端供电的接线方式，如图 5-3 所示。

3. 高压环形接线

　　高压环形接线（见图 5-4），实质上是两端供电的高压树干式接线。这种接线在现代城市电网中应用得很广泛。为了避免环形线路上发生故障时影响整个电网，也为了便于实现线路保护的选择性，大多数环形线路采用"开口"运行方式，即环形线路中有一处的开关是断开的。为了便于切换操作，环形线路中的开关多采用负荷开关。

图 5-1　高压放射式接线

图 5-2　高压树干式接线

（a）双干线供电

（b）两端供电

图 5-3　双干线供电及两端供电的接线方式

实际上，工厂的高压线路往往是几种接线方式的组合，视具体情况而定。不过对大中型工厂，高压配电系统宜优先考虑采用高压放射式接线，因为高压放射式接线供电可靠性较高，且便于运行管理。但高压放射式接线采用的高压开关设备数较多，投资较大，因此对于供电可靠性要求不高的辅助生产区和生活住宅区，可考虑采用比较经济的高压树干式接线或高压环形接线。

图 5-4　高压环形接线

5.1.2　低压线路的接线方式

工厂的低压配电线路的基本接线方式也有放射式、树干式和环形等。

1. 低压放射式接线

低压放射式接线（见图 5-5）的特点是其引出线发生故障时互不影响，因此供电可靠性较高。但在一般情况下，其有色金属消耗量较多，采用的开关设备数较多。低压放射式接线多用于设备容量较大或对供电可靠性要求较高的设备。

图 5-5　低压放射式接线

2. 低压树干式接线

低压树干式接线（见图 5-6）的特点正好与低压放射式接线相反。一般情况下，低压树干式接线采用的开关设备数较少，有色金属消耗量也较少，但当干线发生故障时，影响范围大，因此其供电可靠性较低。图 5-6（a）所示为低压母线放射式配电的树干式接线，在机械加工车间、工具车间和机修车间中应用得比较普遍，而且多采用成套的封闭式母线（参看图 5-28），它灵活方便，也相当安全，很适合供电给容量较小而分布比较均匀的一些用电设备（如机床、小型加热炉等）。图 5-6（b）所示为低压"电力变压器-干线组"的树干式接线，省去了变电所低压侧整套低压配电装置，使变电所结构大为简化，投资大为降低。

（a）低压母线放射式配电的树干式接线　　　（b）低压"电力变压器-干线组"的树干式接线

图 5-6　低压树干式接线

图 5-7（a）和图 5-7（b）是一种变形的树干式接线，通常称为低压链式接线。低压链式接线的特点与低压树干式接线基本相同，适用于用电设备彼此相距很近而容量均较小的次要用电设备。链式相连的用电设备一般不宜超过 5 台，链式相连的配电箱不宜超过 3 台，且总容量不宜超过 10kW。

3. 低压环形接线

工厂内的一些车间变电所的低压侧，可通过低压联络线相互连接成为环形。低压环形接线（见图 5-8）的供电可靠性较高。当任一段线路发生故障或检修时，都不致造成供电中断，或者只短时停电，一旦切换电源的操作完成，就能恢复供电。低压环形接线，可使电能损耗和电压损耗减少。但是环形线路的保护装置及其整定配合比较复杂；如果配合不当，容易发生误动作，反而扩大故障停电范围。实际上，低压环形线路也多采用"开口"运行方式。

在工厂的低压配电系统中，也往往采用几种接线方式的组合，依具体情况而定。不过在环境正常的车间或建筑内，当大部分用电设备不是很大又无特殊要求时，宜采用低压树干式接线。一方面是由于低压树干式接线比低压放射式接线经济，另一方面是由于我国各工厂的供电人员对采用低压树干式接线积累了相当成熟的运行经验。实践证明，低压树干式接线在正常情况下能够满足生产要求。

图 5-7　低压链式接线

（a）连接配电箱　　　（b）连接电动机

图 5-8　低压环形接线

　　总的来说，工厂电力线路（包括高压线路和低压线路）的接线应力求简单。运行经验证明，供配电系统如果接线复杂，层次过多，不仅浪费投资，维护不便，而且由于电路串联的元件过多，因操作错误或元件故障而产生的事故也随之增多，且事故处理和恢复供电的操作也比较麻烦，从而延长了停电时间。同时由于配电级数多，继电保护级数也相应增加，保护动作时间也相应延长，对供配电系统的故障切除十分不利。因此，GB 50052—2009《供配电系统设计规范》规定：供配电系统应简单可靠，同一电压供电系统的变配电级数不宜多于两级。以图 1-3 所示的工厂供电系统为例，由工厂总降压变电所直接配电到车间变电所的配电级数只有一级，而由总降压变电所经高压配电所再配电到车间变电所的配电级数就有两级了，最多不宜超过两级。此外，高低压配电线路均应尽可能深入负荷中心，以减少线路的电压损耗、电能损耗和有色金属消耗量，提高负荷端的电压水平。

5.2　工厂电力线路的结构和敷设

5.2.1　架空线路的结构和敷设

　　由于架空线路与电缆线路相比，具有成本低、投资少、安装容易、维护和检修方便、易于发现和排除故障等优点，因此架空线路过去在工厂中应用得比较普遍。但是架空线路直接受大气影响，易受雷击、冰雪、风暴和污秽空气的危害，且要占用一定的地面和空间，有碍交通和观瞻，因此现代化工厂有逐渐减少架空线路，改用电缆线路的趋向。

　　架空线路由导线、电杆、横担、绝缘子和金具等主要元件组成，如图 5-9 所示。为了防雷，有的架空线路上还装设避雷线（又称架空地线）。为了加强电杆的稳固性，有的电杆还安装有拉线或扳桩。

（a）低压架空线路　　　　（b）高压架空线路

1—低压导线；2—低压针式绝缘子；3—低压横担；4—低压电杆；5—高压横担；
6—高压悬式绝缘子串；7—线夹；8—高压导线；9—高压电杆；10—避雷线。

图 5-9　架空线路的结构

1. 导线

导线是架空线路的主体，担负着输送电能的功能。它架设在电杆上边，要经受自身质量和各种外力的作用，并要承受大气中各种有害物质的侵蚀。因此，导线必须具有良好的导电性，同时要具有一定的机械强度和耐腐蚀性，尽可能质轻、价廉。

导线材质有铜、铝和钢。铜的导电性最好（电导率为 53mS/m），机械强度也相当高（抗拉强度约为 380MPa），然而铜是贵重金属，应尽量节约。铝的机械强度较差（抗拉强度约为 160MPa），但其导电性也较好（电导率为 32mS/m），且具有质轻、价廉的优点，因此在能"以铝代铜"的场合，宜尽量采用铝导线。钢的机械强度很高（多股钢绞线的抗拉强度达 1200MPa），而且价廉，但其导电性差（电导率为 7.52mS/m），功率损耗大，对交流电流还有磁滞涡流损耗（铁磁损耗），并且它在大气中容易锈蚀，因此钢导线在架空线路上一般只作避雷线使用，且使用镀锌钢绞线。

图 5-10　钢芯铝绞线的横截面

架空线路一般采用裸导线。裸导线按其结构分，有单股线和多股绞线，一般采用多股绞线。绞线又有铜绞线、铝绞线和钢芯铝绞线。架空线路一般情况下采用铝绞线。在机械强度要求较高和 35kV 及以上的架空线路上，则多采用钢芯铝绞线。钢芯铝绞线简称钢芯铝线，其横截面结构如图 5-10 所示。这种导线的线芯是钢线，用以增强导线的抗拉强度，弥补铝线机械强度较差的缺点；而其外围用铝线，取其导电性较好的优点。由于交流电流在导线中通过时有集肤效应，交流电流实际上只从铝线部分通过，从而弥补了钢线导电性差的缺点。钢芯铝绞线型号中表示截面积的数值，就是其铝线部分的额定截面积。

常用裸导线全型号的表示和含义如下。

1）铜（铝）绞线

铜（铝）绞线　额定截面积（单位为mm²）

2）钢芯铝绞线

对于工厂和城市中 10kV 及以下的架空线路，当安全距离难以满足要求，邻近高层建筑及在繁华街道或人口密集地区、空气严重污秽地段和建筑施工现场时，按 GB 50061—2010《66kV 及以下架空电力线路设计规范》规定，可采用绝缘导线。

2．电杆、横担和拉线

电杆是支持导线的支柱，是架空线路的重要组成部分。对电杆的要求，主要是要有足够的机械强度，同时尽可能地经久耐用且价廉，便于搬运和安装。

电杆按其采用的材料可分为木杆、水泥杆（钢筋混凝土杆）和铁塔。对工厂来说，水泥杆应用得最为普遍，因为采用水泥杆可以节约大量的木材和钢材，而且它经久耐用，维护简单，也比较经济。

电杆按其在架空线路中的地位和功能可分为直线杆、分段杆、转角杆、终端杆、跨越杆和分支杆等形式。图 5-11 是上述各种电杆形式在低压架空线路上应用的示意图。

1、5、11、14—终端杆；2、9—分支杆；3—转角杆；
4、6、7、10—直线杆（中间杆）；8—分段杆（耐张杆）；12、13—跨越杆。

图 5-11　各种杆型在低压架空线路上的应用

横担安装在电杆的上部，用来安装绝缘子以架设导线。常用的横担有木横担、铁横担和瓷横担。现在工厂里普遍采用的是铁横担和瓷横担。瓷横担是我国独有的产品，具有良好的电气绝缘性能，兼有绝缘子和横担的双重功能，能节约大量的木材和钢材，有效地利用电杆高度，降低线路造价。它在断线时能够转动，以避免因断线而扩大事故，同时它的表面便于借助雨水冲洗，可减少线路的维护工作量。它结构简单，安装方便，可加快施工进度。但瓷横担比较脆，在安装和使用中必须避免机械损伤。图 5-12 是高压电杆上安装的瓷横担。

拉线是为了平衡电杆各方面的作用力，并抵抗风压以防止电杆倾倒用的，如终端杆、转角杆、分段杆等往往都装有拉线。拉线的结构如图 5-13 所示。

1—高压导线；2—瓷横担；3—电杆。

图 5-12 高压电杆上安装的瓷横担

1—电杆；2 固定拉线的抱箍；3—上把；4—拉线绝缘子；
5—腰把；6—花篮螺钉；7—底把；8—拉线底盘。

图 5-13 拉线的结构

3．绝缘子和金具

绝缘子又称瓷瓶。线路绝缘子用来将导线固定在电杆上，并使导线与电杆绝缘。因此对绝缘子既要求具有一定的电气绝缘强度，又要求具有足够的机械强度。线路绝缘子按电压高低可分为低压线路绝缘子和高压线路绝缘子两大类。图 5-14 是高压线路绝缘子的外形结构。

（a）针式　　　　　　（b）蝴蝶式　　　　　　（c）悬式　　　　　（d）瓷横担

图 5-14 高压线路绝缘子的外形结构

架空线路用金具如图 5-15 所示，它是用来连接导线，安装横担和绝缘子等的金属附件，包括安装针式绝缘子的直脚［见图 5-15（a）］和弯脚［见图 5-15（b）］、安装蝴蝶式绝缘子的穿芯螺钉［见图 5-15（c）］、将横担或拉线固定在电杆上的 U 形抱箍［见图 5-15（d）］、调节拉线松紧的花篮螺钉［见图 5-15（e）］，以及高压悬式绝缘子串的挂环、挂板、线夹［见图 5-15（f）］等。

4．架空线路的敷设

1）架空线路敷设的要求和路径的选择

敷设架空线路，要严格遵守有关技术规程的规定。整个施工过程中，要重视安全教育，采取有效的安全措施，特别是当立杆、组装和架线时，要注意人身安全，防止发生事故。竣工以后，要按照规定的手续和要求进行检查和验收，确保工程质量。

(a) 直脚及低压针式绝缘子　　(b) 弯脚及低压针式绝缘子　　(c) 穿芯螺钉

(d) U 形抱箍　　(e) 花篮螺钉　　(f) 高压悬式绝缘子串及金具

1—球头挂环；2—悬式绝缘子；3—碗头挂板；4—悬垂线夹；5—架空导线。

图 5-15　架空线路用金具

　　选择架空线路的路径时，应考虑以下原则。

　　(1) 路径要短，转角尽量少。尽量减少与其他设施的交叉；当与其他架空线路或弱电线路交叉时，其间距及交叉点或交叉角应符合 GB 50061—2010《66kV 及以下架空电力线路设计规范》的规定。

　　(2) 尽量避开河洼、雨水冲刷地带、不良地质地区及易燃、易爆等危险场所。

　　(3) 不应引起机耕、交通和人行困难。

　　(4) 不宜跨越房屋，应与建筑物保持一定的安全距离。

　　(5) 应与工厂和城镇的整体规划协调配合，并适当考虑今后的发展。

2) 导线在电杆上的排列方式

　　三相四线制低压架空线路的导线，一般都采用水平排列，如图 5-16 (a) 所示。由于中性线（PEN 线）电位在三相均衡时为零，而且其截面一般较小，机械强度较差，因此中性线一般架设在靠近电杆的位置。

　　三相三线制架空线路的导线，可三角形排列，如图 5-16 (b)、图 5-16 (c) 所示；也可水平排列，如图 5-16 (f) 所示。当多回路导线同杆架设时，可三角形与水平混合排列，如图 5-16 (d) 所示，也可全部垂直排列，如图 5-16 (e) 所示。

(a) 水平排列 1　　(b) 三角形排列 1　　(c) 三角形排列 2　　(d) 混合排列　　(e) 垂直排列　　(f) 水平排列 2

1—电杆；2—横担；3—导线；4—避雷线。

图 5-16　导线在电杆上的排列

电压不同的线路同杆架设时，电压较高的线路应架设在上边，电压较低的线路则架设在下边。

3）架空线路的档距、弧垂及其他有关间距

架空线路的档距（又称跨距），是指同一线路上相邻两根电杆之间的水平距离，如图 5-17 所示。架空线路的弧垂（又称弛垂），是指架空线路一个档距内导线最低点与两端电杆上导线悬挂点之间的垂直距离，如图 5-17 所示。导线的弧垂的形成是由于导线存在着荷重。弧垂不宜过大，也不宜过小。弧垂过大，则在导线摆动时容易引起相间短路，而且造成导线对地或对其他物体的安全距离不够；弧垂过小，则将使导线内应力增大，在天冷时可能使导线收缩绷断。

(a) 平地上　　　　　　　　　　(b) 坡地上

图 5-17　架空线路的档距和弧垂

架空线路的线间距离、导线对地面和水面的最小距离、架空线路与各种设施接近和交叉的最小距离等，在 GB 50061—2010 等规程中均有明确规定，设计和安装时必须遵循。

5.2.2　电缆线路的结构和敷设

电缆线路与架空线路相比，具有成本高、投资大、维修不便等缺点，但是电缆线路具有运行可靠、不受外界影响、无须架设电杆、不占地面、不碍观瞻等优点，特别是在有腐蚀性气体和易燃、易爆场所，当不宜架设架空线路时，只能敷设电缆线路。在现代化工厂和城市中，电缆线路得到了越来越广泛的应用。

1. 电缆和电缆头

1）电缆

电缆是一种特殊结构的导线，在其几根绞绕的（或单根）绝缘导电芯线外面，统包有绝缘层和保护层。保护层又分内护层和外护层。内护层用以保护绝缘层，而外护层用以防止内护层受到机械损伤和腐蚀。外护层通常为钢丝或钢带构成的钢铠，外覆麻被、沥青或塑料护套。

供电系统中常用的电力电缆，按其缆芯材质可分为铜芯电缆和铝芯电缆两大类。按其采用的绝缘介质可分为油浸纸绝缘电缆和塑料绝缘电缆两大类。

（1）油浸纸绝缘电缆如图 5-18 所示。它具有耐压强度高、耐热性能好和使用寿命较长等优点，因此应用得相当普遍。但是它工作时其中的浸渍油会流动，因此其两端的安装高度差有一定的限制，否则电缆低的一端可能因油压过大而使端头胀裂漏油，而高的一端则可能因油流失而使绝缘干枯，致使其耐压强度下降，甚至击穿损坏。

（2）塑料绝缘电缆。它有聚氯乙烯绝缘及护套电缆和交联聚乙烯绝缘电缆两种类型。塑料绝缘电缆具有结构简单、制造加工方便、质量较轻、敷设安装方便、不受敷设高度差限制及能抵抗酸碱腐蚀等优点，交联聚乙烯绝缘电缆（见图 5-19）的电气性能更优异，因此在工厂供电系统中有逐步取代油浸纸绝缘电缆的趋势。

1—缆芯（铜芯或铝芯）；2—油浸纸绝缘层；
3—麻筋（填料）；4—油浸纸（统包绝缘）；
5—铅包；6—涂沥青的纸带（内护层）；
7—浸沥青的麻被（内护层）；8—钢铠（外护层）；
9—麻被（外护层）。

图 5-18　油浸纸绝缘电缆

1—缆芯（铜芯或铝芯）；
2—交联聚乙烯绝缘层；
3—聚氯乙烯护套（内护层）；
4—钢铠或铝铠（外护层）；
5—聚氯乙烯外套（外护层）。

图 5-19　交联聚乙烯绝缘电缆

在考虑电缆缆芯材质时，一般情况下宜按"节约用铜、以铝代铜"原则，优先选用铝芯电缆。但在下列情况下应采用铜芯电缆：①振动剧烈、有爆炸危险或对铝有腐蚀等的严酷工作环境；②安全性、可靠性要求高的重要回路；③耐火电缆及紧靠高温设备的电缆等。

电缆全型号的表示和含义如下：

（1）电缆类别代号含义：Z—油浸纸绝缘电缆；V—聚氯乙烯绝缘电缆；YJ—交联聚乙烯绝缘电缆；X—橡皮绝缘电缆；JK—架空电缆（加在上列代号之前）；ZR 或 Z—阻燃型电缆。

（2）缆芯材质代号含义：L—铝芯；LH—铝合金芯；T—铜芯（一般不标）；TR—软铜芯。

（3）内护层代号含义：Q—铅包；L—铝包；V—聚氯乙烯护套。

（4）结构特征代号含义：P—滴干式；D—不滴流式；F—分相铅包式。

（5）外护层代号含义：02—聚氯乙烯套；03—聚乙烯套；20—裸钢带铠装；22—钢带铠装聚氯乙烯套；23—钢带铠装聚乙烯套；30—裸细钢丝铠装；32—细钢丝铠装聚氯乙烯套；33—细钢丝铠装聚乙烯套；40—裸粗钢丝铠装；41—粗钢丝铠装纤维外被；42—粗钢丝铠装聚氯乙烯套；43—粗钢丝铠装聚乙烯套；441—双粗钢丝铠装纤维外被；241—钢带-粗钢丝铠装纤维外被。

2）电缆头

电缆头就是电缆接头，包括电缆中间接头和电缆终端头。电缆头按使用的绝缘材料或填充材料可分为填充电缆胶的电缆头、环氧树脂浇注的电缆头、缠包式的电缆头和热缩材料的电缆头等。由于热缩材料的电缆头具有施工简便、价格低廉和性能良好等优点而在现代电缆工程中得到推广和应用。图 5-20 是 10kV 交联聚乙烯绝缘电缆热缩中间头的剥切尺寸和安装示意图。

（a）剥切尺寸示意图

（b）每相接头安装示意图

1—聚氯乙烯外护套；2—钢铠；3—内护套；4—铜屏蔽层（内有缆芯绝缘）；5—半导电管；
6—半导电层；7—应力管；8—缆芯绝缘；9—压管；10—填充胶；11—四氟带；12—应力疏散胶。

图 5-20 10kV 交联聚乙烯绝缘电缆热缩中间头（图中数值单位为 mm）

图 5-21 是 10kV 交联聚乙烯绝缘电缆户内热缩终端头的结构示意图。若作为户外热缩终端头，还必须在图 5-21 所示的户内热缩终端头上套上三孔防雨热缩伞裙，并在各相套入单孔防雨热缩伞裙，如图 5-22 所示。

1—缆芯接线端子；2—密封胶；3—热缩密封管；4—热缩绝缘管；
5—缆芯绝缘；6—应力控制管；7—应力疏散管；8—半导体层；
9—铜屏蔽层；10—热缩内护层；11—钢铠；12—填充胶；
13—热缩环；14—密封胶；15—热缩三芯手套；16—喉箍；
17—热缩密封管；18—PVC 外护套；19—接地线。

图 5-21 10kV 交联聚乙烯绝缘电缆户内热缩终端头

1—缆芯接线端子；2—热缩密封管；
3—热缩绝缘管；4—单孔防雨热缩伞裙；
5—三孔防雨热缩伞裙；6—热缩三芯手套；
7—PVC 外护套；8—接地线。

图 5-22 户外热缩终端头

注：节中图里数值单位均为 mm。

实践经验说明：电缆头是电缆线路中的薄弱环节，电缆线路的大部分故障都发生在电缆头处。由于电缆头本身的缺陷或安装质量问题，往往造成短路故障。因此电缆头的安装质量十分重要，密封要好，其耐压强度应不低于电缆本身的耐压强度，要有足够的机械强度，且体积尺寸要尽可能小，结构简单，安装方便。

2. 电缆的敷设

1）电缆敷设路径的选择

选择电缆敷设路径时，应考虑以下原则：①避免电缆遭受机械性外力、过热或腐蚀等危害；②在满足安全要求的条件下，尽可能缩短电缆长度；③便于敷设和维护；④应避开将要挖掘施工的地段。

2）电缆的敷设方式

工厂中常见的电缆敷设方式有直接埋地敷设（见图 5-23）、在电缆沟内敷设（见图 5-24）和采用电缆桥架敷设（见图 5-25）等。而在发电厂、某些大型工厂和现代化城市中，还有的采用电缆排管（见图 5-26）和电缆隧道（见图 5-27）等敷设方式。

1—保护盖板；2—砂；3—电缆。

图 5-23 电缆直接埋地敷设

（a）户内电缆沟 （b）户外电缆沟 （c）厂区电缆沟

1—盖板；2—电缆支架；3—预埋铁件；4—电缆。

图 5-24 电缆在电缆沟内敷设

1—支架；2—盖板；3—支臂；4—线槽；5—水平分支线槽；6—垂直分支线槽。

图 5-25 采用电缆桥架敷设

3）电缆敷设的一般要求

敷设电缆，一定要严格遵守有关技术规程的规定和设计的要求。竣工以后，要按规定的手续和要求进行检查和验收，确保线路的质量。部分重要的技术要求如下。

（1）电缆长度宜按实际线路长度增加 5%～10%的裕量，以作为安装、检修时的备用。直埋电缆应做波浪形埋设。

（2）下列场合的非铠装电缆应采取穿管保护：电缆引入或引出建筑物或构筑物；电缆穿过楼板及主要墙壁处；从电缆沟引出至电杆，或沿墙敷设的电缆距地面 2m 高度或埋入地下小于 0.3m 深度的一段；电缆与道路、铁路交叉的一段。所用保护管的内径不得小于电缆外径或多根电缆包络外径的 1.5 倍。

（3）多根电缆敷设在同一通道中位于同侧的多层支架上时，应按下列敷设要求进行配置：①应按电压等级由高至低的电缆、强电至弱电的控制和信号电缆、通信电缆的顺序排列；②支架层数受通道空间限制时，35kV 及以下的相邻电压级的电缆可排列在同一层支架上，1kV 及以下电缆也可与强电控制和信号电缆配置在同一层支架上；③同一重要回路的工作电缆与备用电缆实行耐火分隔时，宜适当配置在不同层次的支架上。

（4）明敷的电缆不宜平行敷设于热力管道上方。电缆与管道之间无隔板防护时，相互间距应符合表 5-1 所列的允许距离（GB 50217—2018《电力工程电缆设计标准》规定）。

表 5-1　明敷电缆与管道之间的允许距离

电缆与管道之间走向		电力电缆/mm	控制和信号电缆/mm
热力管道	平行	1000	500
	交叉	500	250
其他管道	平行	150	100

（5）电缆应远离爆炸性气体释放源。敷设在爆炸性危险较小的场所时，应符合下列要求：①易爆气体比空气重时，电缆应在较高处架空敷设，且对非铠装电缆采取穿管敷设，或置于托盘、槽盒之内进行机械性保护；②易爆气体比空气轻时，电缆应敷设在较低处的管、沟内，沟内的非铠装电缆应埋砂。

（6）电缆沿输送易燃气体的管道敷设时，应配置在危险程度较低的管道一侧，且应符合下列要求：①易燃气体比空气重时，电缆宜在管道上方；②易燃气体比空气轻时，电缆宜在管道下方。

（7）电缆沟的结构应具有防火和防水能力。电缆沟从厂区进入厂房处应设置防火隔板。为了顺畅排水，电缆沟的纵向排水坡度不得小于 0.5%，而且不能排向厂房内侧。

1—水泥排管；2—电缆孔（穿电缆）；3—电缆沟。

图 5-26　电缆排管敷设

1—电缆；2—支架；3—维护走廊；4—照明灯具。

图 5-27　电缆隧道敷设

（8）直埋敷设于非冻土地区的电缆，其外皮至地下构筑物基础的距离不得小于 0.3m；至地面的距离不得小于 0.7m；当位于车行道或耕地的下方时应适当加深，且不得小于 1m。当电缆直埋于冻土地区时，宜埋入冻土层以下。直埋敷设的电缆，严禁位于地下管道的正上方或正下方。在有化学腐蚀性的土壤中，电缆不宜直埋敷设。直埋电缆之间，直埋电缆与管道、道路、建筑物等之间平行和交叉时的最小净距应符合 GB 50168—2018《电气装置安装工程　电缆线路施工及验收标准》的规定。

（9）直埋电缆在直线段每隔 50～100m 处、电缆接头处、转弯处、进入建筑物处等，应设置明显的方位标志或标桩。

（10）电缆的金属外皮、金属电缆头及保护钢管和金属支架等，均应可靠地接地。

5.2.3　车间线路的结构和敷设

车间线路，包括室内配电线路和室外配电线路。室内配电线路大多采用绝缘导线，但配电干线则多采用裸导线（母线），少数采用电缆。室外配电线路是指，沿车间外墙或屋檐敷设的低压配电线路，一般采用绝缘导线。

1．绝缘导线的结构和敷设

绝缘导线按芯线材质可分为铜芯绝缘导线和铝芯绝缘导线两种。重要线路（如办公楼、图书馆、实验室、住宅内等的线路）及振动场所或对铝线有腐蚀的场所均应采用铜芯绝缘导线，其他场所可选用铝芯绝缘导线。

绝缘导线按绝缘材料可分为橡皮绝缘导线和塑料绝缘导线两种。塑料绝缘导线的绝缘性能好，具有耐油和抗酸碱腐蚀，价格较低，且可节约大量橡胶和棉纱，因此在室内明敷和穿管敷设中应优先选用塑料绝缘导线。但是塑料绝缘材料在低温时会变硬和变脆，高温时又易软化和老化，因此室外敷设宜优先选用橡皮绝缘导线。

绝缘导线全型号的表示和含义如下：

（1）橡皮绝缘导线型号的含义：BX（BLX）—铜（铝）芯橡皮绝缘棉纱或其他纤维编织导线；BXR—铜芯橡皮绝缘棉纱或其他纤维编织软导线；BXS—铜芯橡皮绝缘双股软导线。

（2）聚氯乙烯绝缘导线型号的含义：BV（BLV）—铜（铝）芯聚氯乙烯绝缘导线；BVV（BLVV）—铜（铝）芯聚氯乙烯绝缘聚氯乙烯护套圆型导线；BVVB（BLVVB）—铜（铝）芯聚氯乙烯绝缘聚氯乙烯护套平型导线；BVR—铜芯聚氯乙烯绝缘软导线。

绝缘导线的敷设方式有明敷和暗敷两种。明敷是指导线直接敷设或在穿线管、线槽内敷设于墙壁、顶棚的表面及桁架、支架等处。暗敷是指导线在穿线管、线槽等保护体内，敷设于墙壁、顶棚、地坪及楼板等内部，或者在混凝土板孔内敷线等。

绝缘导线的敷设要求，应符合有关规程的规定，其中有下列几点特别值得注意。

（1）线槽布线和穿管布线的导线中间不许直接接头，接头必须经专门的接线盒。

（2）穿金属管或金属线槽的交流线路，应将同一回路的所有相线和中性线（如有中性线时）穿于同一管、槽内；否则由于线路电流不平衡而在金属管、槽内产生铁磁损耗，使管、槽发热，导致其中导线过热甚至烧毁。

（3）当电线管路与热水管、蒸气管同侧敷设时，应敷设在水、气管的下方；如有困难时，可敷设在水、气管的上方，但相互间距应适当增大或采取隔热措施。

2．裸导线的结构和敷设

车间内配电的裸导线大多数采用裸母线的结构，其截面形状有圆形、管形和矩形等，其材质有铜、铝和钢。车间内采用 LMY 型硬铝母线最为普遍。在现代化的生产车间中，大多采用封闭式母线（又称母线槽）布线，如图 5-28 所示。封闭式母线安全、灵活、美观，但耗用的钢材较多，投资较大。

当封闭式母线水平敷设时，至地面的距离不宜小于 2.2m。当垂直敷设时，其距地面 1.8m以下部分应采取防止机械损伤的措施，敷设在电气专用房间内（如配电室、电机房等）时除外。

封闭式母线水平敷设的支持点间距不宜大于 2m。当垂直敷设时，应在通过楼板处专用附件支承。垂直敷设的封闭式母线，当进线盒及末端悬空时，应采用支架固定。当封闭式母线终端无引出或引入线时，端头应封闭。

1—馈电母线槽；2—配电装置；3—插接式母线槽；4—机床；5—照明母线槽；6—灯具。

图 5-28　封闭式母线在车间内的应用

封闭式母线的插接分支点应设在安全及安装维护方便的地方。为了识别裸导线的相序，以利于运行维护和检修，按规定交流三相系统中的裸导线应规定涂色。裸导线涂色，不仅有利于识别相序，而且有利于防腐蚀及改善散热条件。其中：A 相为黄色；B 相为绿色；C 相为红色；N 线、PEN 线为淡蓝色；PE 线为黄绿双色。

5.3　导线和电缆截面的选择

为保证供电系统安全、可靠、优质、经济地运行，选择导线和电缆截面时必须满足下列条件。

（1）发热条件。导线和电缆在通过正常最大负荷电流（计算电流）时产生的发热温度不应超过其正常运行时的最高允许温度。

（2）电压损耗条件。导线和电缆在通过正常最大负荷电流（计算电流）时产生的电压损耗，不应超过其正常运行时允许的电压损耗。对于工厂内较短的高压线路，可不进行电压损耗校验。

（3）经济电流密度。35kV 及以上的高压线路及 35kV 以下的长距离、大电流线路（如较长的电源进线和电弧炉的短网等线路），其导线和电缆截面宜按经济电流密度选择，以使线路的年运行费用支出最小。按经济电流密度选择的导线（含电缆）截面，称为"经济截面"。工厂内的 10kV 及以下线路，通常不按经济电流密度选择。

（4）机械强度。导线（含裸线和绝缘导线）截面不应小于其最小允许截面，如附录表 18 和附录表 19 所列。对于电缆，不必校验其机械强度，但需校验其短路热稳定度。母线则应校验其短路的动稳定度和热稳定度。

对于绝缘导线和电缆，还应满足工作电压的要求。

根据设计经验，一般 10kV 及以下的高压线路和低压动力线路，通常先按发热条件来选择导线和电缆截面，再校验其电压损耗和机械强度。对于低压照明线路，因它对电压水平要求较高，通常先按允许电压损耗进行选择，再校验其发热条件和机械强度。对于长距离大电流线路和 35kV 及以上的高压线路，则可先按经济电流密度确定经济截面，再校验其他条件。按上述经验来选择，通常容易满足要求，较少返工。

下面分别介绍按发热条件、经济电流密度和电压损耗选择导线和电缆截面的问题。关于机械强度，对于工厂电力线路，一般需按其芯线最小允许截面（见附录表 18 和附录表 19）进行校验，因此不再赘述。

5.3.1 按发热条件选择导线和电缆的截面

1. 三相系统相线截面的选择

电流通过导线（包括电缆、母线，下同）时，要产生电能损耗，使导线发热。裸导线的温度过高时，会使其接头处的氧化加剧，增大接触电阻，使之进一步氧化，如此恶性循环，最终可发展到断线。而绝缘导线的温度过高时，还可使其绝缘加速老化甚至烧毁，或引发火灾事故。因此，导线的正常发热温度一般不得超过附录表 11 所列的额定负荷时的最高允许温度。

按发热条件选择三相系统中的相线截面时，应使其允许载流量 I_{al} 不小于通过相线的计算电流 I_{30}，即

$$I_{al} \geq I_{30} \tag{5-1}$$

所谓导线的允许载流量（Allowable Current-Carrying Capacity），就是在规定的环境温度条件下，导线能够连续承受而不致使其稳定温度超过允许值的最大电流。若导线敷设地点的环境温度与导线的允许载流量所采取的环境温度不同，则导线的允许载流量应乘以以下温度校正系数：

$$K_\theta = \sqrt{\frac{\theta_{al} - \theta_0'}{\theta_{al} - \theta_0}} \tag{5-2}$$

式中，θ_{al} 为导线额定负荷时的最高允许温度；θ_0 为导线的允许载流量所采用的环境温度；θ_0' 为导线敷设地点实际的环境温度。

这里所说的"环境温度"，是按发热条件选择导线所采用的特定温度：在室外，环境温度

一般取当地最热月平均最高气温；在室内，则取当地最热月平均最高气温加 5℃。对土中直埋的电缆，则取当地最热月地下 0.8～1m 的土壤平均温度，也可近似地取为当地最热月平均气温。

附录表 16 列出了 LJ 型铝绞线和 LGJ 型钢芯铝绞线的允许载流量，附录表 17 列出了 LMY 型矩形硬铝母线的允许载流量，附录表 21 列出了 10kV 常用三芯电缆的允许载流量，附录表 23 列出了绝缘导线明敷、穿钢管和穿硬塑料管时的允许载流量，供参考。

按发热条件选择的导线和电缆截面，还必须用后面的式（6-4）或式（6-15）来校验它与其相应的保护装置（熔断器或低压断路器的过电流脱扣器）是否配合得当。若配合不当，则可能发生导线或电缆因过电流而发热起燃但保护装置不动作的情况，这当然是不允许的。

2．中性线和保护线截面的选择

1）中性线（N 线）截面的选择

三相四线制系统中的中性线，要通过系统的不平衡电流和零序电流，因此中性线的允许载流量，不应小于三相系统的最大不平衡电流，同时应考虑系统中谐波电流的影响。

（1）一般三相四线制系统中的中性线截面 A_0 应不小于相线截面 A_φ 的 50%，即

$$A_0 \geqslant 0.5A_\varphi \qquad (5\text{-}3)$$

（2）由于两相三线线路及单相线路的中性线截面 A_0 的中性线电流与相线电流相等，因此其中性线截面 A_0 应与相线截面 A_φ 相同，即

$$A_0 = A_\varphi \qquad (5\text{-}4)$$

（3）由于三次谐波电流突出的三相四线制线路的中性线截面 A_0 各相三次谐波电流都要通过中性线，使得中性线电流可能超过相线电流，因此中性线截面 A_0 宜大于或等于相线截面 A_φ，即

$$A_0 \geqslant A_\varphi \qquad (5\text{-}5)$$

2）保护线（PE 线）截面的选择

保护线要考虑三相系统发生单相短路故障时单相短路电流通过的短路热稳定度。根据短路热稳定度的要求，保护线（PE 线）的截面 A_{PE}，按 GB 50054—2011《低压配电设计规范》规定：

（1）当 $A_\varphi \leqslant 16\text{mm}^2$ 时，

$$A_{PE} \geqslant A_\varphi \qquad (5\text{-}6)$$

（2）当 $16\text{mm}^2 < A_\varphi \leqslant 35\text{mm}^2$ 时，

$$A_{PE} \geqslant 16\text{mm}^2 \qquad (5\text{-}7)$$

（3）当 $A_\varphi > 35\text{mm}^2$ 时，

$$A_{PE} \geqslant 0.5A_\varphi \qquad (5\text{-}8)$$

注意：GB 50054—2011《低压配电设计规范》还规定，当 PE 线采用单芯绝缘导线时，按机械强度要求，有机械保护的 PE 线，其截面不应小于 2.5mm²；无机械保护的 PE 线，其截面不应小于 4mm²。

3）保护中性线（PEN 线）截面的选择

保护中性线兼有保护线和中性线的双重功能，因此保护中性线截面的选择应同时满足上述保护线和中性线的要求，取其中的最大截面。

注意：按 GB 50054—2011《低压配电设计规范》规定，当采用单芯导线作 PEN 线干线时，铜芯截面不应小于 10mm^2，铝芯截面不应小于 16mm^2；采用多芯电缆芯线作 PEN 线干线时，其截面不应小于 4mm^2。

5.3.2　按经济电流密度选择导线和电缆的截面

导线的截面越大，电能损耗越小，但是线路投资、维修管理费和有色金属消耗量都要增加。因此从经济方面考虑，可选择一个比较合理的导线截面，既使电能损耗小，又不致过分增加线路投资、维修管理费和有色金属消耗量。

图 5-29 是线路年运行费 C 与导线截面 A 的关系曲线。其中曲线 1 表示线路的年折旧费（线路投资除以折旧年限之值）和线路的年维修管理费之和与导线截面的关系曲线。曲线 2 表示线路的年电能损耗费与导线截面的关系曲线。曲线 3 为曲线 1 与曲线 2 的叠加，表示线路的年运行费（包括线路的年折旧费、维修管理费和电能损耗费）与导线截面的关系曲线。由曲线 3 可以看出，与年运行费最小值 C_a（a 点）相对应的导线截面 A_a 不一定是很经济

图 5-29　线路年运行费与导线截面的关系曲线

合理的导线截面，因为 a 点附近，曲线比较平坦，如果将导线再选小一些，例如，选为 A_b（b 点），年运行费 C_b 比 C_a 增加不多，但 A_b 却比 A_a 减小很多，从而使有色金属消耗量显著减少。因此从全面的经济效益考虑，导线截面选 A_b 比选 A_a 更经济合理。从全面的经济效益考虑，既使线路的年运行费接近于最小值又适当考虑有色金属节约的导线截面，称为经济截面（Economic Section），用符号 A_{ec} 表示。

5.3.3　线路电压损耗的计算

由于线路存在着阻抗，因此线路通过负荷电流时要产生电压损耗。一般线路的允许电压损耗不超过 5%（对线路额定电压）。若线路的电压损耗超过了允许值，则应适当增大导线截面，使之满足允许电压损耗的要求。

1. 集中负荷的三相线路电压损耗的计算

以图 5-30 所示的带两个集中负荷的三相线路为例，线路图中的负荷电流都用 i 表示，各线段电流都用 I 表示；各线段的长度、每相电阻和电抗分别用 l、x 和 γ 表示，线路首端至各负荷点的长度、每相电阻和电抗则分别用大写 L、R 和 X 表示。

以线路末端的相电压 $U_{\varphi2}$ 为参考轴，绘制线路电压降的相量图，如图 5-31 所示。由于线路上的电压降相对于线路电压来说很小，$U_{\varphi1}$ 与 $U_{\varphi2}$ 间的相位差 θ 实际上小到可以忽略不计，因此负荷电流 i_1 与电压 $U_{\varphi2}$ 间的相位差 φ_1 可以近似地绘成 i_1 与电压 $U_{\varphi2}$ 间的相位差。

2. 均匀分布负荷的三相线路电压损耗的计算

设线路有一段均匀分布负荷，如图 5-32 所示。单位长度上的负荷电流为 i_0，则微小线段 dl 的负荷电流为 $i_0 dl$。这一负荷电流 $i_0 dl$ 流过线路（长度为 l，电阻为 R_0）产生的电压损耗为

$$d(\Delta U) = \sqrt{3} i_0 dl R_0 l$$

因此整个线路由分布负荷产生的电压损耗为

$$\Delta U = \int_{L_1}^{L_1+L_2} \mathrm{d}(\Delta U) = \int_{L_1}^{L_1+L_2}\sqrt{3}i_0 R_0 l \mathrm{d}l = \sqrt{3}i_0 R_0 \int_{L_1}^{L_1+L_2} l \mathrm{d}l = \sqrt{3}i_0 R_0\left[\frac{l^2}{2}\right]_{L_1}^{L_1+L_2}$$

$$= \sqrt{3}i_0 R_0 \cdot \frac{l_2(2L_1+L_2)}{2} = \sqrt{3}i_0 R_0 L_2\left(L_1+\frac{L_2}{2}\right)$$

令 $i_0 L_2 = I$ 为与均匀分布负荷等效的集中负荷，则得

$$\Delta U = \sqrt{3}IR_0\left(L_1+\frac{L_2}{2}\right) \tag{5-9}$$

式（5-9）说明，带有均匀分布负荷的线路，在计算其电压损耗时，可将分布负荷集中于分布线段的中点，按集中负荷来计算。

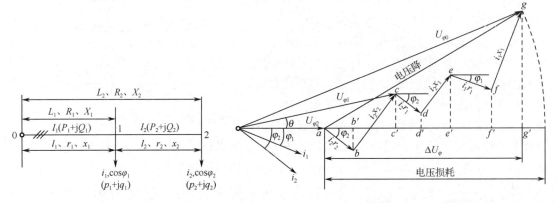

图 5-30　带两个集中负荷的三相线路　　　　图 5-31　线路电压降的相量图

图 5-32　有一段均匀分布负荷的线路

本章小结

本章介绍了工厂电力线路的接线方式及其结构和敷设，然后重点讲述导线和电缆截面的选择。本章也是工厂供电一次系统的重要内容。

复习思考题

5-1　试比较放射式接线和树干式接线的优缺点及适用范围。

5-2　试比较架空线路和电缆线路的优缺点及适用范围。

5-3　导线和电缆的选择应满足哪些条件？一般电力线路宜先按什么条件选择再校验其他条件？照明线路宜先按什么条件选择再校验其他条件？为什么？

5-4 一般三相四线制系统中的中性线（N 线）截面如何选择？三相系统中引出的两相三线线路及单相线路的中性线（N 线）截面又如何选择？三次谐波比较突出的三相四线制线路的中性线（N 线）截面又如何选择？

5-5 三相系统中的保护线（PE 线）和保护中性线（PEN 线）各如何选择？

5-6 什么叫"经济截面"？什么情况下导线和电缆要先按经济电流密度选择？

5-7 交流线路中的电压降和电压损耗各指什么？工厂供电系统的电压损耗一般用电压降的什么分量计算？为什么？

习题

5-1 试按发热条件选择 220/380V、TN-C 系统中的相线和 PEN 线的截面及穿线钢管（SC）的直径。已知线路的计算电流为 150A，安装地点环境温度为 25℃，拟用 BLV-500 型铝芯塑料线穿钢管埋地敷设。

5-2 如果上题所述 220/380V 线路为 TN-S 系统，试按发热条件选择其相线、N 线和 PE 线的截面及穿线的硬塑料管（PC）的直径。

5-3 有一个 380V 的三相架空线路，拟采用 LJ 型铝绞线，配电给 2 台 40kW（$\cos\varphi = 0.8$，$\eta = 0.85$）的电动机。该线路长为 70m，线间几何均距为 0.6m，允许电压损耗为 5%，当地最热月平均最高气温为 30℃。试选择该线路的相线和 PEN 线的截面。

第6章　工厂供电系统的过电流保护

▶▶ **学习目标与重点**

◇ 了解过电流保护装置的类型和过电流保护的任务，以及对保护装置的基本要求。

◇ 掌握三种常用的过电流保护装置：熔断器保护、低压断路器保护和继电保护的特点和选择方法。

▶▶ **关键术语**

过电流保护；熔断器保护；低压断路器保护；继电保护

6.1　过电流保护的任务和要求

6.1.1　过电流保护装置的类型和过电流保护的任务

为了保证工厂供电系统的安全运行，避免过负荷和短路对系统的影响，在工厂供电系统中应装有各种类型的过电流保护装置。

工厂供电系统的过电流保护装置有熔断器保护、低压断路器保护和继电保护。

（1）熔断器保护适用于高低压供电系统。由于其装置简单经济，因此在工厂供电系统中应用得非常广泛。但是其断流能力较小，选择性较差，且其熔体熔断后要更换熔体才能恢复供电，因此在要求供电可靠性较高的场所不宜采用熔断器保护。

（2）低压断路器保护又称低压自动开关保护，适用于要求供电可靠性较高、操作灵活和方便的低压供配电系统中。

（3）继电保护适用于要求供电可靠性高、操作灵活和方便，特别是自动化程度较高的高压供配电系统中。

熔断器保护和低压断路器保护都能在过负荷和短路时动作，断开电路，切除过负荷和短路部分，并使系统的其他部分恢复正常运行。但熔断器大多用于短路保护，而低压断路器除了可作过负荷和短路保护，有时还可作低电压或失压保护。

继电保护装置在过负荷时的动作，一般只发出报警信号，引起运行值班人员注意，以便及时处理；只有当过负荷危及人身或设备安全时，才动作于跳闸。而当发生短路故障时，则要求有选择性地跳闸，将故障部分切除。

6.1.2　对保护装置的基本要求

供电系统对保护装置有下列基本要求。

（1）选择性。当供电系统发生故障时，只有离故障点最近的保护装置动作，切除故障，而供电系统的其他部分仍然正常运行。保护装置满足这一要求的动作，称为"选择性动作"。如果供电系统发生故障时，靠近故障点的保护装置不动作（拒动），而离故障点远的前一级保护装置动作（越级动作），就称为"失去选择性"。

（2）速动性。为了防止故障扩大，减轻其危害程度，并提高电力系统运行的稳定性，在系统发生故障时，保护装置应尽快地动作，切除故障。

（3）可靠性。保护装置在应该动作时，就应该动作，不应拒动；而不应该动作时，就不应误动。保护装置的可靠程度与保护装置的元件质量、接线方案、安装、整定和运行维护等多种因素有关。

（4）灵敏度。灵敏度（或灵敏系数）是表征保护装置对其保护区内故障和不正常工作状态反应能力的一个参数。如果保护装置对其保护区内极轻微的故障都能及时地反应、动作，就说明保护装置的灵敏度高。

过电流保护的灵敏度（或灵敏系数），用其保护区内在电力系统为最小运行方式时的最小短路电流 $I_{k.min}$ 与保护装置一次动作电流（保护装置动作电流 I_{op} 换算到一次电路的值 $I_{op.1}$）的比值来表示，即

$$S_P = \frac{I_{k.min}}{I_{op.1}} \tag{6-1}$$

在 GB/T 50062—2008《电力装置的继电保护和自动装置设计规范》中，对各种继电保护装置（包括过电流保护）的灵敏度都有一个最小值的规定，这部分内容将在后面进行介绍。

上述对保护装置的四项基本要求，对一个具体的保护装置来说，不一定都是同等重要的，而往往有所侧重。例如，对于电力变压器，由于它是供电系统中最关键的设备，因此对其保护装置的灵敏度要求较高；而对一般电力线路的保护装置，灵敏度要求可低一些，但对其选择性要求较高。又例如，在无法兼顾选择性和速动性的情况下，为了快速切除故障，以保证某些关键设备正常运行或尽快恢复系统的正常运行，有时甚至牺牲选择性来保证速动性。

6.2　熔断器保护

6.2.1　熔断器在供配电系统中的配置

熔断器在供配电系统中的配置，应符合选择性保护的原则，也就是熔断器要配置得能使故障范围缩小到最低限度。还应考虑经济性，即供电系统中配置的数量要尽量少。

图 6-1 是熔断器在低压放射式配电系统中合理配置的方案，既可满足选择性要求，又使配置的熔断器数量较少。图中熔断器 FU_5 用来保护电动机及其支线。当 k-5 处发生短路时，FU_5 熔断。熔断器 FU_4 主要用来保护动力配电箱母线。当 k-4 处发生短路时，FU_4 熔断。同理，熔断器 FU_3 主要用来保护配电干线，FU_2 主要用来保护低压配电屏母线，FU_1 主要用来保护电力变压器。当 k-1～k-3 处短路时，也都是靠近短路点的熔断器熔断。

图 6-1　熔断器在低压放射式配电系统中的配置

必须注意：在低压配电系统中的 PE 线和 PEN 线上，不允许装设熔断器，以免 PE 线或 PEN 线因熔断器熔断而断路时，所有接 PE 线或接 PEN 线的设备外露可导电部分带电，危及人身安全。

6.2.2 熔断器熔体额定电流的选择

1. 保护电力线路的熔断器熔体额定电流的选择

保护电力线路的熔断器熔体额定电流，应满足下列条件。

（1）熔体额定电流 $I_{N.FE}$ 应不小于线路的计算电流 I_{30}，以使熔体在线路正常运行时不致熔断，即

$$I_{N.FE} \geq I_{30} \tag{6-2}$$

（2）熔体额定电流 $I_{N.FF}$ 还应躲过线路的尖峰电流 I_{pk}，以使熔体在线路上出现正常的尖峰电流时也不致熔断。由于尖峰电流是短时最大电流，而熔体加热熔断需一定时间，因此满足的条件为

$$I_{N.FE} \geq KI_{pk} \tag{6-3}$$

式中，K 为小于 1 的计算系数。

对供单台电动机的线路熔断器来说，此系数 K 应根据熔断器的特性和电动机的启动情况来决定：

启动时间在 3s 以下（轻载启动），宜取 $K=0.25\sim0.35$；

启动时间在 3~8s（重载启动），宜取 $K=0.35\sim0.5$；

启动时间超过 8s 或频繁启动、反接制动，宜取 $K=0.5\sim0.8$。

对供多台电动机的线路熔断器来说，此系数 K 应视线路上容量最大的一台电动机的启动情况、线路尖峰电流与计算电流的比值及熔断器的特性而定，取 $K=0.5\sim1$；如果线路尖峰电流与计算电流的比值接近于 1，则可取 $K=1$。

但必须说明，由于熔断器品种繁多，特性各异，因此上述有关计算系数 K 的取值方法，不一定都很恰当，故 GB 50055—2011《通用用电设备配电设计规范》规定：保护交流电动机的熔断器熔体额定电流应大于电动机的额定电流，且其安秒特性曲线计及偏差后略高于电动机启动电流和启动时间的交点。当电动机频繁启动和制动时，熔体的额定电流应再加大 1~2 级。

（3）熔断器保护还应与被保护的线路相配合，使之不致发生因过负荷和短路引起绝缘导线或电缆过热起燃而熔体不熔断的事故，因此熔断器熔体额定电流还应满足以下条件：

$$I_{N.FE} \leq K_{OL}I_{ol} \tag{6-4}$$

式中，I_{ol} 为绝缘导线和电缆的允许载流量；K_{OL} 为绝缘导线和电缆的允许短时过负荷倍数。

如果熔断器只作短路保护，对电缆和穿管绝缘导线，取 $K_{OL}=2.5$；对明敷绝缘导线，取 $K_{OL}=1.5$。

如果熔断器不只作短路保护，而且要求作过负荷保护时，例如，住宅建筑、重要仓库和公共建筑中的照明线路，有可能长时间过负荷的动力线路，以及在可燃建筑物构架上明敷的有延燃性外层的绝缘导线线路等，应取 $K_{OL}=1$；当 $I_{N.FE} \leq 25\,A$ 时，应取 $K_{OL}=0.85$。对有爆炸性气体和粉尘的区域内的线路，应取 $K_{OL}=0.8$。

若按式（6-2）和式（6-3）两个条件选择的熔体额定电流不满足式（6-4）的配合要求时，则应改选熔断器的型号规格，或者适当增大导线或电缆的芯线截面。

2. 保护电力变压器的熔断器熔体额定电流的选择

保护电力变压器的熔断器熔体额定电流，根据经验，应满足下式要求。

$$I_{N.FE} \leqslant (1.5 \sim 2.0) I_{1N.T} \tag{6-5}$$

式中，$I_{1N.T}$ 为电力变压器的额定一次电流。

式（6-5）考虑了以下三个因素。

（1）熔体额定电流要躲过电力变压器允许的正常过负荷电流。对于油浸式电力变压器的正常过负荷，室内为 20%，室外为 30%。正常过负荷下熔断器不应熔断。

（2）熔体额定电流要躲过来自电力变压器低压侧的电动机自启动引起的尖峰电流。

（3）熔体额定电流还要躲过电力变压器自身的励磁涌流。励磁涌流又称空载合闸电流，是电力变压器在空载投入时或者在外部故障切除后突然恢复电压时所产生的一个电流。

当电力变压器空载投入或突然恢复电压时，由于电力变压器铁芯中的磁通不能突变，因此在电力变压器加上电压的初瞬间（$t = 0$ 时），其铁芯中的磁通 Φ 应维持为零，从而与三相电路突然短路时所发生的物理过程（参看 3.2 节）相类似，铁芯中将同时产生两个磁通：一个是符合磁路欧姆定律的周期分量 Φ_p（与短路的 i_p 相当）；另一个是符合楞次定律的非周期分量 Φ_{np}（与短路的 i_{np} 相当）。这两个磁通分量在 $t = 0$ 时大小相等，极性相反，使合成磁通 $\Phi = 0$，如图 6-2 所示。经半个周期（0.01s）后，Φ 达到最大值（与短路的 i_{sh} 相当）。这时铁芯将严重饱和，励磁电流迅速增大，可达电力变压器额定一次电流的 8~10 倍，形成类似涌浪的冲击性电流，因此这一励磁电流称为励磁涌流。

图 6-2　电力变压器空载投入时励磁涌流的变化曲线

由图 6-2 可以看出，励磁涌流中含有数值很大的非周期分量，而且衰减较慢（与短路电流非周期分量相比），因此其波形在过渡过程中的相当长一段时间内，都偏向时间轴的一侧。很明显，熔断器的熔体电流如果不躲过励磁涌流，就可能在电力变压器空载投入时或电压突然恢复时使熔断器熔断，破坏供电系统的正常运行。

3. 保护电压互感器的熔断器熔体额定电流的选择

由于电压互感器二次侧的负荷很小，因此保护电压互感器的 RN2 型熔断器熔体额定电流一般为 0.5A。

6.2.3 熔断器的选择与校验

选择熔断器时应满足下列条件。

（1）熔断器的额定电压应不低于线路的额定电压。对高压熔断器，其额定电压应不低于线路的最高电压。

（2）熔断器的额定电流应不小于它所装熔体的额定电流。

（3）熔断器的类型应符合安装条件（户内或户外）及被保护设备对保护的技术要求。

熔断器还必须进行以下断流能力的校验。

（1）对限流熔断器（如 RN1、RT0 等型），由于限流熔断器能在短路电流达到冲击值之前完全熔断并熄灭电流，切除短路故障，因此需满足的条件为

$$I_{oc} \geqslant I'' \tag{6-6}$$

式中，I_{oc} 为熔断器的最大分断电流；I'' 为熔断器安装地点的三相次暂态短路电流的有效值，在无限大容量系统中，$I'' = I_{\infty} = I_k$。

（2）对非限流熔断器（如 RW4、RM10 等型），由于非限流熔断器不能在短路电流达到冲击值之前熄灭电弧，切除短路故障，因此需满足的条件为

$$I_{oc} \geqslant I_{sh}^{(3)} \tag{6-7}$$

式中，$I_{sh}^{(3)}$ 为熔断器安装地点的三相短路冲击电流有效值。

（3）对具有断流上限与下限的熔断器（如 RW4 型跌开式熔断器），其断流上限应满足式（6-7）的校验条件，其断流下限需满足的条件为

$$I_{oc.min} \leqslant I_k \tag{6-8}$$

式中，$I_{oc.min}$ 为熔断器的最小分断电流；I_k 为熔断器所保护线路末端的两相短路电流（这是对中性点不接地系统而言，如果是中性点直接接地系统，应改为线路末端的单相短路电流）。

6.2.4 熔断器保护灵敏度的校验

为了保证熔断器在其保护区内发生短路故障时可靠地熔断，按规定，熔断器保护灵敏度应满足下列条件：

$$S_P = \frac{I_{k.min}}{I_{N.FE}} \geqslant K \tag{6-9}$$

式中，$I_{N.FE}$ 为熔断器熔体的额定电流；$I_{k.min}$ 为熔断器所保护线路末端在系统最小运行方式下的最小短路电流（对 TN 系统和 TT 系统，为线路末端的单相短路电流或单相接地故障电流；对 IT 系统和中性点不接地系统，为线路末端的两相短路电流；对保护电力变压器的高压熔断器来说，为低压侧母线的两相短路电流换算到高压侧之值）；K 为熔断器保护灵敏度的最小比值，如表 6-1 所示。

表 6-1　校验熔断器保护灵敏度的最小比值 K

熔断时间	K				
	熔体的额定电流为 4～10A	熔体的额定电流为 16～32A	熔体的额定电流为 40～63A	熔体的额定电流为 80～200A	熔体的额定电流为 250～500A
5s	4.5	5	5	6	7
0.4s	8	9	10	11	—

注：表中 K 值适用于符合 IEC（国际电工委员会）标准的一些新型熔断器，如 RT12、RT14、RT15、NT 等型熔断器。对于老型熔断器，可取 $K=4\sim7$，即近似地按表中熔断时间为 5s 的熔断器来取值。

例 6-1　有一台 Y 型电动机，其额定电压为 380V，额定容量为 18.5kW，额定电流为 35.5A，启动电流倍数为 7。现拟采用 BLV 型导线穿焊接钢管敷设。该电动机采用 RT0 型熔断器作短路保护，短路电流 $I_k^{(3)}$ 最大可达 13kA。当地环境温度为 30℃。试选择熔断器及其熔体的额定电流，并选择导线截面和钢管直径。

解： 1）选择熔断器及其熔体额定电流

$$I_{\text{N.FE}} \geq I_{30} = 35.5\text{A}$$

且

$$I_{\text{N.FE}} \geq KI_{\text{pk}} = 0.3 \times 35.5 \times 7 = 74.55\text{A}$$

查附录表 15，可选 RT0-100 型熔断器，即 $I_{\text{N.FU}} = 100\text{A}$，$I_{\text{N.FE}} = 80\text{A}$。

2）校验熔断器的断流能力

RT0-100 型熔断器的 $I_{\text{oc}} = 50\text{kA} \geq I'' = 13\text{kA}$，其断流能力满足要求。

3）选择导线截面和钢管直径

按发热条件选择导线截面，查得 $A=10\text{mm}^2$ 的 BLV 型铝芯塑料线三根穿钢管时，$I_{\text{al(30℃)}} = 41\text{A} > I_{30} = 35.5\text{A}$，满足发热条件。相应地选择穿线钢管 SC20mm。

校验机械强度，穿管铝芯线的最小截面为 2.5mm²。$A=10\text{mm}^2$，故满足机械强度要求。

4）校验导线与熔断器保护的配合

假设该电动机安装在一般车间内，熔断器只作短路保护用，因此导线与熔断器保护的配合条件为

$$I_{\text{N.FE}} \leq 2.5I_{\text{al}}$$

现 $I_{\text{N.FE}} = 80\text{A} < 2.5 \times 41\text{A} = 102.5\text{A}$，故满足熔断器保护与导线的配合要求。（注：因未给 $I_{\text{k.min}}$ 数据，熔断器灵敏度校验从略。）

6.2.5　前后熔断器之间的选择性配合

前后熔断器之间的选择性配合，就是要求在线路发生故障时，靠近故障点的熔断器首先熔断，使系统的其他部分恢复正常运行。前后熔断器之间的选择性配合，宜按它们的保护特性曲线（安秒特性曲线）来进行校验。

图 6-3 是熔断器保护的配置和选择性校验示意图。如图 6-3（a）所示，设支线 WL₂ 的首端 k 点发生三相短路，则三相短路电流 I_k 要通过 FU₂ 和 FU₁。但保护选择性要求，应该是 FU₂ 的熔体首先熔断，断开故障线路 WL₂，而 FU₁ 不再熔断，使干线 WL₁ 恢复正常运行。但是根据熔体实际熔断时间与其产品的标准特性曲线查得的熔断时间可能有 ±30%～±50% 的偏差，从最不利的情况考虑，当 k 点短路时，FU₁ 的实际熔断时间 t_1' 比标准特性曲线查得的时间 t_1 小 50%（为负偏差），即 $t_1' = 0.5t_1$；而 FU₂ 的实际熔断时间 t_2' 又比标准特性曲线查得的时间 t_2 大 50%（为

正偏差），即 $t_2' = 1.5t_2$。这时由图 6-3 所示的熔断器保护特性曲线可以看出，要保证前后两熔断器 FU₁ 和 FU₂ 的保护选择性，必须满足的条件是 $t_1' > t_2'$，即 $0.5t_1 > 1.5t_2$，因此

$$t_1 > 3t_2 \qquad\qquad (6\text{-}10)$$

（a）熔断器在低压配电线路中的配置　　　（b）熔断器按保护特性曲线进行选择性校验

图 6-3　熔断器保护的配置和选择性校验示意图

（注：曲线图中斜线区域表示保护特性曲线的偏差范围）

式（6-10）说明：在后一熔断器所保护的首端发生最严重的三相短路时，前一熔断器按其保护特性曲线查得的熔断时间，至少应为后一熔断器按其保护特性曲线查得的熔断时间的 3 倍，才能确保前后两熔断器动作的选择性。如果不能满足这一要求，那么应将前一熔断器的熔体额定电流提高 1～2 级再进行校验。

如果不用熔断器的保护特性曲线来校验选择性，则一般只有前一熔断器的熔体电流大于后一熔断器的熔体电流 2～3 级以上，才有可能确保其动作的选择性。

例 6-2　在图 6-3（a）所示的线路中，设 FU₁（RT0 型）的 $I_{\text{N.FE1}} = 100\text{A}$，FU₂（RM10 型）的 $I_{\text{N.FE2}} = 60\text{A}$。k 点的三相短路电流 $I_k = 1000\text{A}$。试校验 FU₁ 与 FU₂ 之间是否能选择性配合。

解：根据 $I_{\text{N.FE1}} = 100\text{A}$ 和 $I_k = 1000\text{A}$，查附录表 15 中的曲线得 $t_1 \approx 0.3\text{s}$。

根据 $I_{\text{N.FE2}} = 60\text{A}$ 和 $I_k = 1000\text{A}$，查附录表 14-2 曲线得 $t_2 \approx 0.08\text{s}$。

$$t_1 = 0.3\text{s} > 3t_2 = 3 \times 0.08\text{s} = 0.24\text{s}$$

由此可见 FU₁ 与 FU₂ 能选择性配合。

6.3　低压断路器保护

6.3.1　低压断路器在低压配电系统中的配置

低压断路器（自动开关）在低压配电系统中的配置，通常有下列三种方式。

1. 单独接低压断路器或低压断路器-刀开关的方式

（1）对于只装一台主电力变压器的变电所，低压侧主开关采用低压断路器，如图 6-4（a）所示。

（2）对于装有两台主电力变压器的变电所，当低压侧主开关采用低压断路器时，低压断路器容量应考虑到一台主电力变压器退出工作时，另一台主电力变压器要供电给变电所 60%～70% 以上的负荷及全部一、二级负荷，而且这时两段母线都带电。为了保证检修主电力变压器和低压断路器的安全，低压断路器的母线侧应加装刀开关或隔离开关，如图 6-4（b）所示，以隔离来自低压母线的反馈电源。

（3）对于低压配电出线上装设的低压断路器，为了保证检修配电出线和低压断路器的安全，在低压断路器的母线侧应加装刀开关，如图 6-4（c）所示，以隔离来自低压母线的电源。

2．低压断路器与磁力启动器或接触器配合的方式

对于频繁操作的低压电路，宜采用图 6-4（d）所示的接线方式。这里的低压断路器主要用于电路的短路保护，而磁力启动器或接触器用作电路频繁操作的控制，其上的热继电器用作过负荷保护。

3．低压断路器与熔断器配合的方式

当低压断路器的断流能力不足以断开电路的短路电流时，可采用图 6-4（e）所示的接线方式。这里的低压断路器作为电路的通断控制及过负荷和失压保护，它只装热脱扣器和失压脱扣器，不装过电流脱扣器，而利用熔断器或刀熔开关来实现短路保护。

（a）只装一台主电力　　（b）装有两台主电力　　（c）低压配电出线　　（d）频繁操作　　（e）用熔断器或刀熔开关
　变电所的变电所　　　　变压器的变电所　　　　　　　　　　　　　的低压电路　　来实现短路保护的电路

QF—低压断路器；QK—刀开关；QKF—刀熔开关；KM—接触器；KH—热继电器。

图 6-4　低压断路器的配置方式

6.3.2　低压断路器脱扣器的选择和整定

1．低压断路器过电流脱扣器额定电流的选择

过电流脱扣器（Over-Current Release）的额定电流 $I_{\text{N.OR}}$ 应不小于线路的计算电流 I_{30}，即

$$I_{\text{N.OR}} \geq I_{30} \tag{6-11}$$

2．低压断路器过电流脱扣器动作电流的整定

1）瞬时过电流脱扣器动作电流的整定

瞬时过电流脱扣器的动作电流（Operating Current）$I_{\text{op}(0)}$ 应躲过线路的尖峰电流 I_{pk}，即

$$I_{\text{op}(0)} \geq K_{\text{rel}} I_{\text{pk}} \tag{6-12}$$

式中，K_{rel} 为可靠系数（Reliability Coefficient）。对动作时间在 0.02s 以上的万能式（DW 型）断路器，可靠系数可取 1.35；对动作时间在 0.02s 及以下的塑料外壳式（DZ 型）断路器，可靠系数宜取 2～2.5。

2）短延时过电流脱扣器动作电流和动作时间的整定

短延时（Short-Delay）过电流脱扣器的动作电流 $I_{op(s)}$ 应躲过线路短时间出现的负荷尖峰电流 I_{pk}，即

$$I_{op(s)} \geq K_{rel}I_{pk} \qquad (6-13)$$

式中，K_{rel} 一般取 1.2。

短延时过电流脱扣器的动作时间通常分 0.2s、0.4s 和 0.6s 三级，应按前后保护装置保护选择性的要求来确定，应使前一级保护的动作时间比后一级保护的动作时间至少长一个时间级差 0.2s。

3）长延时过电流脱扣器动作电流和动作时间的整定

长延时（Long-Delay）过电流脱扣器主要用于过负荷保护，因此其动作电流 $I_{op(l)}$ 只需躲过线路的最大负荷电流（计算电流 I_{30}），即

$$I_{op(l)} \geq K_{rel}I_{pk} \qquad (6-14)$$

式中，K_{rel} 一般取 1.1。

长延时过电流脱扣器的动作时间，应躲过允许过负荷的持续时间，其动作特性通常是反时限的，即过负荷电流越大，其动作时间越短。一般动作时间可达 1～2h。

4）过电流脱扣器与被保护线路的配合要求

为了不致发生因负荷或短路引起绝缘导线或电缆过热起燃而低压断路器不跳闸的事故，低压断路器过电流脱扣器的动作电流 I_{op} 还应满足条件：

$$I_{op} = K_{OL}I_{al} \qquad (6-15)$$

式中，I_{al} 为绝缘导线和电缆的允许载流量。K_{OL} 为绝缘导线和电缆的允许过负荷倍数：对瞬时过电流脱扣器和短延时过电流脱扣器，过负荷倍数一般取 4.5；对长延时过电流脱扣器，过负荷倍数可取 1；对有爆炸性气体和粉尘区域的线路，过负荷倍数应取 0.8。

如果不满足式（6-15）的配合要求，则应改选过电流脱扣器的动作电流，或者适当加大导线或电缆的线芯截面。

3. 低压断路器热脱扣器的选择和整定

1）热脱扣器额定电流的选择

热脱扣器（Thermal Release）的额定电流 $I_{N.TR}$ 应不小于线路的计算电流 I_{30}，即

$$I_{N.TR} \geq I_{30} \qquad (6-16)$$

2）热脱扣器动作电流的整定

热脱扣器用于过负荷保护，其动作电流 $I_{op.TR}$ 按下式整定：

$$I_{op.TR} \geq K_{rel}I_{30} \qquad (6-17)$$

式中，K_{rel} 为可靠系数，可取 1.1，一般通过实际运行进行校验。

6.3.3 低压断路器的选择和校验

选择低压断路器时应满足下列条件。

（1）低压断路器的额定电压应不低于保护线路的额定电压。

（2）低压断路器的额定电流应不小于它所安装的脱扣器的额定电流。

（3）低压断路器的类型应符合安装条件、保护性能及操作方式的要求。因此应同时选择

其操作机构形式。

低压断路器还必须进行以下断流能力的校验。

（1）对动作时间在 0.02s 以上的万能式（DW 型）断路器，其极限分断电流 I_{oc} 应不小于通过它的最大三相短路电流周期分量有效值 $I_k^{(3)}$，即

$$I_{oc} \geq I_k^{(3)} \tag{6-18}$$

（2）对动作时间在 0.02s 及以下的塑料外壳式（DZ 型）断路器，其极限分断电流 I_{oc} 或 i_{oc} 应不小于通过它的最大三相短路冲击电流 $I_{sh}^{(3)}$ 或 $i_{sh}^{(3)}$，即

$$I_{oc} \geq I_{sh}^{(3)} \tag{6-19}$$

$$i_{oc} \geq i_{sh}^{(3)} \tag{6-20}$$

6.3.4　低压断路器过电流保护灵敏度的校验

为了保证低压断路器的瞬时或短延时过电流脱扣器在系统最小运行方式下，在其保护区内发生最轻微的故障时能可靠地动作，低压断路器保护的灵敏度必须满足下列条件：

$$S_P = \frac{I_{k.min}}{I_{op}} \geq K \tag{6-21}$$

式中，I_{op} 为瞬时过电流脱扣器或短延时过电流脱扣器的动作电流；$I_{k.min}$ 为其保护线路末端在系统最小运行方式下的单相短路电流（对 TN 系统和 TT 系统）或两相短路电流（对 IT 系统）；K 为灵敏度的最小比值，一般取 1.3。

6.3.5　前后低压断路器之间及低压断路器与熔断器之间的选择性配合

前后两低压断路器之间是否符合选择性配合，宜按其保护特性曲线进行校验，按产品样本给出的保护特性曲线考虑其偏差范围（±20%～±30%）。当后一低压断路器出口发生三相短路时，在前一断路器保护动作时间计入负偏差，而后一断路器保护动作时间计入正偏差的情况下，前一级的动作时间仍大于后一级的动作时间，则能实现选择性配合的要求。对于非重要负荷线路，保护电器允许无选择性动作。

一般来说，要保证前后两低压断路器之间能选择性动作，前一级低压断路器宜采用短延时过电流脱扣器，后一级低压断路器则采用瞬时过电流脱扣器，而且动作电流也是前一级大于后一级，前一级的动作电流至少不小于后一级动作电流的 1.2 倍，即

$$I_{op.1} \geq 1.2 I_{op.2} \tag{6-22}$$

低压断路器与熔断器之间是否符合选择性配合，只有通过它们的保护特性曲线来校验。前一级低压断路器可按厂家提供的保护特性曲线考虑-30%～-20%的负偏差，而后一级熔断器可按厂家提供的保护特性曲线考虑+30%～+50%的正偏差。在这种情况下，若两条曲线不重叠也不交叉，且前一级的曲线总在后一级的曲线之上，则前后两级保护可实现动作的选择性，而且两条曲线之间留有的裕量越大，两者动作的选择性越有保证。

6.4　常用的保护继电器

继电器是一种在其输入的物理量（电气量或非电气量）达到规定值时，其电气输出电路被接通或被分断的自动电器。继电器按其输入量的性质分为电气继电器和非电气继电器两大

类。按其用途分为控制继电器和保护继电器两大类，前者用于自动控制电路中，后者用于继电保护电路中。这里只讲保护继电器。

保护继电器按其在继电保护电路中的功能，可分为测量继电器和有或无继电器两大类。测量继电器装设在继电保护电路中的第一级，用来反映被保护元件的特性变化。当其特性量达到动作值时即动作，它属于基本继电器或启动继电器。有或无继电器是一种只按电气量是否在其工作范围内或者为零时而动作的电气继电器，包括时间继电器、信号继电器、中间继电器等，在继电保护装置中用来实现特定的逻辑功能，属于辅助继电器，亦称逻辑继电器。

保护继电器按其组成元件可分为机电型继电器、晶体管型继电器和微机型继电器等。由于机电型继电器具有简单、可靠、便于维修等优点，因此工厂供电系统中普遍应用机电型继电器。机电型继电器按其结构原理可分为电磁式继电器、感应式继电器。

KA—电流继电器；KT—时间继电器；KS—信号继电器；
KM—中间（出口）继电器。

图 6-5　过电流保护装置的框图

保护继电器按其反映的物理量可分为电流继电器、电压继电器、功率继电器、瓦斯（气体）继电器等。保护继电器按其反映的物理量数量变化可分为过量继电器和欠量继电器，如过电流继电器、欠电压继电器等。保护继电器按其在保护装置中的用途可分为启动继电器、时间继电器、信号继电器、中间（又称出口）继电器等。图 6-5 是过电流保护装置的框图。当线路上发生短路时，启动用的电流继电器（Current Relay）KA 瞬时动作，使时间继电器（Timing Relay）KT 启动，经整定的一定时限（延时）后，接通信号继电器（Signal Relay）KS 和中间继电器（Medium Relay）KM，KM 接通断路器的跳闸回路，使断路器 QF 自动跳闸。

保护继电器按其动作于断路器的方式可分为直接动作式（直动式）继电器和间接动作式继电器两大类。断路器操作机构中的脱扣器（跳闸线圈）实际上就是一种直接动作式继电器，而一般的保护继电器均为间接动作式继电器。

保护继电器按其与一次电路的联系方式可分为一次式继电器和二次式继电器。一次式继电器的线圈是与一次电路直接相连的，如低压断路器的过电流脱扣器和失压脱扣器，实际上就是一次式继电器，并且也是直接动作式继电器。二次式继电器的线圈连接在电流互感器和电压互感器的二次侧，通过互感器与一次电路相联系。高压供电系统中的保护继电器都属于二次式继电器。

保护继电器型号的表示和含义如下：

（1）动作原理代号：D—电磁式；G—感应式；L—整流式；B—半导体式；W—微机式。

（2）主要功能代号：L—电流；Y—电压；S—时间；X—信号；Z—中间；C—冲击；CD—差动。

（3）产品特征或改进代号：用阿拉伯数字或字母 A、B、C 等表示。

（4）派生产品代号：C—可长期通电；X—带信号牌；Z—带指针；TH—湿热带用。

（5）设计序号和主要规格代号：用阿拉伯数字表示。

下面分别介绍工厂供电系统中常用的几种机电型继电器。

6.4.1　电磁式电流继电器和电磁式电压继电器

电磁式电流继电器和电磁式电压继电器在继电保护装置中均为启动元件，属于测量继电器。电流继电器的文字符号为 KA，电压继电器的文字符号为 KV。

1．电磁式电流继电器

在工厂供电系统中，常用的 DL-10 系列电磁式电流继电器的基本结构如图 6-6 所示，其内部接线和图形符号如图 6-7 所示。

1—线圈；2—电磁铁；3—钢舌片；4—静触点；5—动触点；6—启动电流调节转杆；
7—标度盘（铭牌）；8—轴承；9—反作用弹簧；10—轴。

图 6-6　DL-10 系列电磁式电流继电器的基本结构

由图 6-6 可知，当继电器线圈 1 通过电流时，电磁铁 2 中产生磁通，力图使"反 Z 形"钢舌片 3 向凸出磁极偏转。与此同时，轴 10 上的反作用弹簧 9 又力图阻止钢舌片偏转。当继电器线圈中的电流增大到使钢舌片所受的转矩大于弹簧的反作用力矩时，钢舌片便被吸近磁极，使常开触点闭合，常闭触点断开，这就叫作继电器动作。

（a）DL-11型内部接线　（b）DL-12型内部接线　（c）DL-13型内部接线　（d）集中表示的图形符号　（e）分开表示的图形符号

图 6-7　DL-10 系列电磁式电流继电器的内部接线和图形符号

继电器线圈中的使继电器动作的最小电流，称为继电器的动作电流（Operating Current），用 I_{op} 表示。

继电器动作后，减小其线圈电流到一定值时，钢舌片在弹簧作用下返回起始位置。使过电流继电器由动作状态返回到起始位置的最大电流，称为继电器的返回电流（Returning Current），用 I_{re} 表示。

继电器的返回电流与动作电流的比值，称为继电器的返回系数（Returning Ratio），用 K_{re} 表示，即

$$K_{re} = \frac{I_{re}}{I_{op}} \qquad\qquad (6\text{-}23)$$

对于过量继电器（如过电流继电器），K_{re} 总小于 1，一般为 0.8。K_{re} 越接近于 1，说明继电器越灵敏。如果过电流继电器的 K_{re} 过低，还可能使保护装置发生误动作，在后面讲述过电流保护的电流整定要求时将进一步说明。

电磁式电流继电器的动作电流有两种调节方法：①平滑调节，即拨动启动电流调节转杆 6（见图 6-6）来改变反作用弹簧 9 的反作用力矩。②级进调节，即利用线圈 1 的串联或并联。当线圈由串联改为并联时，相当于线圈匝数减少一半。由于继电器动作所需的电磁力是一定的，即所需的磁动势（IN）是一定的，因此动作电流将增大一倍。反之，当线圈由并联改为串联时，动作电流将减少一半。这种电流继电器的动作极为迅速，可认为是瞬时动作的，因此它是一种瞬时继电器。

2. 电磁式电压继电器

供电系统中常用的电磁式电压继电器的结构和动作原理，与上述电磁式电流继电器基本相同，只是电磁式电压继电器的线圈为电压线圈，且多做成低电压（欠电压）继电器。低电压继电器的动作电压 U_{op}，为其线圈上的使继电器动作的最高电压；其返回电压 U_{re}，为其线圈上的使继电器由动作状态返回到起始位置的最低电压。低电压继电器的返回系数为

$$K_{re} = \frac{U_{re}}{U_{op}} > 1 \qquad\qquad (6\text{-}24)$$

式中，K_{re} 值越接近于 1，说明继电器越灵敏。低电压继电器的 K_{re} 一般为 1.25。

6.4.2 电磁式时间继电器

在继电保护装置中，电磁式时间继电器用来使保护装置获得所要求的延时（时限）。它属于机电型有或无继电器。时间继电器的文字符号为 KT。

供电系统中 DS-110、DS-120 系列电磁式时间继电器的基本结构如图 6-8 所示，其内部接线和图形符号如图 6-9 所示。DS-110 系列用于直流，DS-120 系列用于交流。

1—线圈；2—电磁铁；3—可动铁芯；4—返回弹簧；5、6—瞬时静触点；7—绝缘件；8—瞬时动触点；9—压杆；10—平衡锤；
11—摆动卡板；12—扇形齿轮；13—传动齿轮；14—主动触点；15—主静触点；16—动作时限标度盘；17—拉引弹簧；
18—弹簧拉力调节器；19—摩擦离合器；20—主齿轮；21—小齿轮；22—掣轮；23、24—钟表机构传动齿轮。

图 6-8 DS-110、DS-120 系列电磁式时间继电器的基本结构

图 6-9　DS-110、DS-120 系列电磁式时间继电器的内部接线和图形符号

当继电器线圈接上工作电压时，铁芯被吸入，使被卡住的一套钟表机构被释放，同时切换瞬时触点。在拉引弹簧作用下，经过整定的时限，使主触点闭合。

继电器延时的时限可借改变主静触点的位置（主静触点与主动触点的相对位置）来调节。调节的时限范围可在标度盘上标出。当继电器的线圈断电时，继电器在弹簧作用下返回起始位置。

为了缩小继电器的尺寸和节约材料，电磁式时间继电器的线圈通常不按长时间接上额定电压来设计，因此凡需长时间接上额定电压工作的时间继电器[如 DS-111C 型等，见图 6-9（b）]，应在它动作后，利用其常闭瞬时触点的断开，使其线圈串入限流电阻，以限制线圈的电流，避免线圈过热烧毁，同时又能维持继电器的动作状态。

6.4.3　电磁式信号继电器

电磁式信号继电器在继电保护装置中用来发出保护装置动作的指示信号。它也属于机电型有或无继电器。信号继电器的文字符号为 KS。

供电系统中常用的 DX-11 型电磁式信号继电器，有电流型和电压型两种：电流型电磁式信号继电器的线圈为电流线圈，阻抗小，串联在二次回路内，不影响其他二次元件（如中间继电器）的动作；电压型电磁式信号继电器的线圈为电压线圈，阻抗大，在二次回路中必须并联使用。

DX-11 型电磁式信号继电器的内部结构如图 6-10 所示。它在正常状态时，其信号牌是被衔铁支撑住的。当继电器线圈通电时，衔铁被吸向铁芯而使信号牌掉下，显示其动作信号，同时带动转轴旋转 90°，使固定在转轴上的动触点（导电条）与静触点接通，从而接通信号回路，发出音响信号和灯光信号。要使信号停止，可旋转外壳上的复位旋钮，断开信号回路，同时使信号牌复位。

1—线圈；2—电磁铁；3—弹簧；4—衔铁；5—信号牌；6—观察窗口；
7—复位旋钮；8—动触点；9—静触点；10—接线端子。

图 6-10　DX-11 型电磁式信号继电器的内部结构

DX-11 型电磁式信号继电器的内部接线和图形符号如图 6-11 所示。

（a）内部接线　　　（b）图形符号

图 6-11　DX-11 型电磁式信号继电器的内部接线和图形符号

6.4.4　电磁式中间继电器

电磁式中间继电器在继电保护装置中用作辅助继电器（Auxiliary Relay，也是中间继电器的英文名），以弥补主继电器触点数量或触点容量的不足。它通常装设在保护装置的出口回路中，用以接通断路器的跳闸线圈，所以它又称为出口继电器。中间继电器也属于机电型有或无继电器，其文字符号为 KM。

供电系统中常用的 DZ-10 系列电磁式中间继电器的基本结构如图 6-12 所示。当其线圈通电时，衔铁被快速吸向电磁铁，使触点切换。当其线圈断电时，继电器快速释放衔铁，使触点全部返回起始位置。

1—线圈；2—电磁铁；3—弹簧；4—衔铁；5—动触点；6、7—静触点；8—连接线；9—接线端子；10—底座。

图 6-12　DZ-10 系列电磁式中间继电器的基本结构

这种快吸快放的 DZ-10 系列电磁式中间继电器的内部接线和图形符号如图 6-13 所示。这里的线圈符号采用机电型有或无继电器的"快速（快吸和快放）继电器"的线圈符号。

（a）DZ-15型内部接线　（b）DZ-16型内部接线　（c）DZ-17型内部接线　（d）图形符号

图 6-13　DZ-10 系列电磁式中间继电器的内部接线和图形符号

6.4.5 感应式电流继电器

在工厂供电系统中，广泛采用感应式电流继电器来作过电流保护兼电流速断保护，因为感应式电流继电器兼有上述电磁式电流继电器、电磁式时间继电器、电磁式信号继电器和电磁式中间继电器的功能，可大大简化继电保护装置。而且采用感应式电流继电器组成的保护装置采用交流操作，可进一步简化二次系统，减少投资，因此它在中小型变配电所中应用得非常普遍。

1. 基本结构

工厂供电系统中常用的 GL-10、GL-20 系列感应式电流继电器的基本结构如图 6-14 所示。这种电流继电器由两组元件构成：一组为感应元件；另一组为电磁元件。感应元件主要包括线圈 1、带短路环 3 的电磁铁 2 及装在可偏转铝框架 6 上的转动铝盘 4。电磁元件主要包括线圈 1、电磁铁 2 和衔铁 15。线圈 1 和电磁铁 2 是两组元件共用的。

1—线圈；2—电磁铁；3—短路环；4—铝盘；5—钢片；6—铝框架；7—调节弹簧；
8—制动永久磁铁；9—扇形齿轮；10—蜗杆；11—扁杆；12—继电器触点；
13—时限调节螺杆；14—速断电流调节螺钉；15—衔铁；16—动作电流调节插销。

图 6-14 GL-10、GL-20 系列感应式电流继电器的基本结构

GL-15、GL-25、GL-16、GL-26 型感应式电流继电器有两对相连的常开触点和常闭触点，根据继电保护的要求，其动作程序是常开触点先闭合，常闭触点后断开，即构成一组"先合后断的转换触点"，如图 6-15 所示。

（a）正常位置 　　　　　　（b）常开触点先闭合 　　　　　　（c）常闭触点后断开

1—上止档；2—常闭触点；3—常开触点；4—衔铁；5—下止档；6—簧片。

图 6-15 GL-15、GL-25、GL-16、GL-26 型感应式电流继电器"先合后断的转换触点"的动作说明

2．工作原理和特性

感应式电流继电器的工作原理可用图 6-16 来说明。当线圈 1 有电流通过时，电磁铁 2 在短路环 3 的作用下，产生相位一前一后的两个磁通 Φ_1 和 Φ_2，穿过铝盘 4。这时作用于铝盘上的转矩为

1—线圈；2—电磁铁；3—短路环；4—铝盘；5—钢片；
6—铝框架；7—调节弹簧；8—制动永久磁铁。

图 6-16　感应式电流继电器的转矩 M_1 和制动力矩 M_2

$$M \propto \Phi_1 \Phi_2 \sin\varphi \qquad (6\text{-}25)$$

式中，φ 为 Φ_1 与 Φ_2 之间的相位差。式(6-25)通常称为感应式机构的基本转矩方程。

由于 $\Phi_1 \propto I_{KA}$，$\Phi_2 \propto I_{KA}$，而 φ 为常数，因此

$$M_1 \propto I_{KA}^2 \qquad (6\text{-}26)$$

铝盘在转矩 M_1 作用下转动，同时切割制动永久磁铁 8 的磁通，在铝盘上感应出涡流，涡流与永久磁铁的磁通作用，产生一个与 M_1 反向的制动力矩 M_2。制动力矩 M_2 与铝盘转速 n 成正比，即

$$M_2 \propto n \qquad (6\text{-}27)$$

当铝盘转速 n 增大到某一定值时，$M_1=M_2$，这时铝盘匀速转动。在上述 M_1 和 M_2 的共同作用下，铝盘受力，使框架绕轴有顺时针方向偏转的趋势，但受到调节弹簧 7 的阻力。当继电器线圈电流增大到继电器的动作电流 I_{op} 时，铝盘受到的力也增大到可克服弹簧的阻力，使铝盘带动铝框架前偏（见图 6-14），使蜗杆 10 与扇形齿轮 9 啮合，这就叫作继电器动作。由于铝盘继续转动，使扇形齿轮沿着蜗杆上升，最后使触点 12 切换，同时使信号牌（图 6-14 上未示出）掉下，从观察窗口可看到红色或白色的信号指示，表示继电器已经动作。使感应元件动作的最小电流，称为动作电流 I_{op}。

继电器线圈中的电流越大，铝盘转动得越快，使扇形齿轮沿蜗杆上升的速度也越快，因此动作时间也越短，这就是感应式电流继电器的"反时限特性"（也称"反比延时特性"），如图 6-17 所示的曲线 abc，这一特性是其感应元件所产生的。

当继电器线圈进一步增大到整定的速断电流（Quick-Break Current）时，电磁铁 2（见图 6-14）瞬时将衔铁 15 吸下，使触点 12 瞬时切换，同时也使信号牌掉下。电磁元件的"电流速断特性"，如图 6-17 所示的曲线 $bb'd$。因此该电磁元件又称电流速断元件。使电磁元件动作的最小电流，称为速断电流 I_{qb}。

图 6-17　感应式电流继电器的动作特性曲线

速断电流 I_{qb} 与感应元件动作电流 I_{op} 的比值，称为速断电流倍数，即

$$n_{qb} = \frac{I_{qb}}{I_{op}} \qquad (6\text{-}28)$$

GL-10、GL-20 系列感应式电流继电器的速断电流倍数 $n_{qb} = 2 \sim 8$。

感应式电流继电器的上述有一定限度的反时限特性，称为"有限反时限特性"。

3．动作电流和动作时限的调节

继电器的动作电流（整定电流）I_{op}，可利用调节插销 16（见图 6-14）改变线圈匝数来进行级进调节，也可以利用调节弹簧 7 的拉力来进行平滑的细调。

继电器的速断电流倍数 n_{qb}，可利用速断电流调节螺钉 14 来改变衔铁 15 与电磁铁 2 之间的气隙来调节。气隙越大，n_{qb} 越大。

可利用时限调节螺杆 13 来改变扇形齿轮顶杆行程的起点，以使动作特性曲线上下移动，从而实现继电器感应元件动作时限的调节。不过要注意，继电器的动作时限调节螺杆的标度尺，是以 10 倍动作电流的动作时间来标度的。因此继电器的实际动作时间，与实际通过继电器线圈的电流大小有关，需从相应的动作特性曲线查得。

附录表 20 列出了 GL-11、GL-21、GL-15、GL-25 型感应式电流继电器的主要技术数据。GL-11、GL-21、GL-15、GL-25 型感应式电流继电器的内部接线和图形符号，如图 6-18 所示。

　（a）GL-11、GL-21型内部接线　　（b）GL-15、GL-25型内部接线　　（c）图形符号

图 6-18　GL-11、GL-21、GL-15、GL-25 型感应式电流继电器的内部接线和图形符号

6.5　高压电力线路继电保护

供配电系统电力线路的电压等级一般为 3～63kV。由于线路较短，容量也不是很大，因此所装设的继电保护通常也比较简单。

高压电力线路通常装设的保护装置有带时限的过电流保护、电流速断保护、过负荷保护、单相接地保护等。本节只叙述最常用的带时限的过电流保护和电流速断保护。

6.5.1　过电流保护

1．定时限过电流保护

定时限过电流保护是指保护装置的动作时间固定不变，与故障电流的大小无关的一种保护。

1）原理接线图

线路的定时限过电流保护的原理接线图如图 6-19 所示。它主要由检测元件的电流互感器、起动元件的电流继电器、时限元件的时间继电器、信号元件的信号继电器、出口元件的中间继电器等组成。

（a）集中表示（归总式）电路图　　　　　　　　　（b）分开表示（展开式）电路图

QF—断路器；KA—电流继电器；KS—信号继电器；KT—时间继电器；

KM—中间继电器；TA—电流互感器；YR—跳闸线圈；QF1-2—断路器辅助触点。

图 6-19　线路的定时限过电流保护的原理接线图

2）工作原理

当一次电路发生相间短路时，电流继电器 KA 瞬时动作，闭合其触点，使时间继电器 KT 动作。KT 经过整定的时限后，其延时触点闭合，使串联的信号继电器（电流型）KS 和中间继电器 KM 动作。KS 动作后，其指示牌掉下，同时接通信号回路，给出灯光信号和音响信号。KM 动作后，接通跳闸线圈 YR 回路，使断路器 QF 跳闸，切除短路故障。QF 跳闸后，其辅助触点 QF1-2 随之切断跳闸回路。在短路故障被切除后，继电保护装置除 KS 外的其他所有继电器均自动返回起始状态，而 KS 则可手动复位。

3）动作电流整定

图 6-20 是线路的定时限过电流保护动作电流整定原理图。如图 6-20（a）所示，对于定时限过电流保护装置 1 而言，它所保护的线路 WL_1，在什么情况下有最大负荷电流流过，而在此电流下，定时限过电流保护装置 1 又应不应该动作呢？回答是，如果在线路 WL_2 故障后被切除，母线电压恢复，所有接到母线上的设备启动，必然在线路 WL_1 上出现最大负荷电流，此时要求定时限过电流保护装置 1 绝对不应该动作。

（a）保护电路图

（b）时限整定说明图

图 6-20　线路的定时限过电流保护动作电流整定原理图

如果线路 WL_1 的最大负荷电流小于保护装置的返回电流，即

$$I_{re.1} > I_{L.max} \qquad\qquad (6\text{-}29)$$

定时限过电流保护装置 1 就不会动作。

式中，$I_{re.1}$ 为定时限过电流保护装置的返回电流（一次侧电流）；$I_{L.max}$ 为被保护线路 WL_1 的最大负荷电流。

如果将式（6-29）写成等式，有

$$I_{re.1} = K_{rel} \cdot I_{L.max}$$

按返回系数的定义，有

$$K_{re} = \frac{I_{re.1}}{I_{op1}}$$

所以定时限过电流保护装置的一次动作电流为

$$I_{op.1} = \frac{I_{re.1}}{K_{re}} = \frac{K_{rel}}{K_{re}} \cdot I_{L.max} \tag{6-30}$$

而继电器的动作电流与一次动作电流之间的关系为

$$I_{op.KA} = \frac{K_w}{K_i} \cdot I_{op.1}$$

所以继电器的动作电流为

$$I_{op.KA} = I_{op.1} \cdot \frac{K_w}{K_i} = \frac{K_w \cdot K_{rel}}{K_{re} \cdot K_i} \cdot I_{L.max} \tag{6-31}$$

式中，K_{rel} 为可靠系数，DL 型继电器取 1.2～1.3；K_w 为接线系数：两相两继电器式或三相三继电器式接线取 1，两相差式继电器接线取 $\sqrt{3}$；K_{re} 为返回系数，DL 型继电器取 0.85；K_i 为电流互感器变比；当 $I_{L.max}$ 无法确定时，取 $I_{L.max}=(1.5\sim3)I_{30}$。

4）动作时限整定

如图 6-20（b）所示，当线路 WL_2 上 k 点发生短路故障时，由于短路电流流经定时限过电流保护装置 1、2，均能使各定时限过电流保护装置的继电器启动。按照选择性要求，只应使定时限过电流保护装置 2 动作，QF_2 跳闸。故障切除后，定时限过电流保护装置 1 应返回，为了达到这一目的，各定时限过电流保护装置的动作时限应满足 $t_1 > t_2$。因此可以看出，离电源近的上一级保护的动作时限比离电源远的下一级保护的动作时限要长，即

$$t_1 \geq t_2 + \Delta t \tag{6-32}$$

式中，Δt 为时限阶段，取 0.5s。

5）灵敏度校验

定时限过电流灵敏度的校验原则是，应以系统在最小运行方式下，被保护线路末端发生两相短路的短路电流进行校验，即

$$K_p = \frac{I_{k.min}^{(2)}}{I_{op.1}} \geq 1.25 \sim 1.5 \tag{6-33}$$

式中，K_p 为灵敏度，作为主保护时要求 $K_p \geq 1.5$，作为后备保护时要求 $K_p \geq 1.25$；$I_{k.min}^{(2)}$ 为系统在最小运行方式下，被保护区末端发生两相短路的短路电流。

2. 反时限过电流保护

反时限过电流保护装置的动作时限与故障电流的大小成反比。在同一条线路上，当靠近电源侧的始端发生短路时，短路电流大，其动作时限较短；反之，当末端发生短路时，短路电流小，其动作时限较长。

图 6-21 是一个交流操作的反时限过电流保护装置的原理接线图，KA_1、KA_2 为 GL 型感应式电流继电器，由于继电器本身的动作带有时限，并有动作指示掉牌信号，因此该保护装置不需要接时间继电器和信号继电器。

（a）接线图 （b）展开图

QF—断路器；QS—隔离开关；TA₁、TA₂—电流互感器；

KA₁、KA₂—感应式电流继电器（GL 型）；YR₁、YR₂—跳闸线圈。

图 6-21　线路的反时限过电流保护的原理接线图

当线路发生短路故障时，感应式电流继电器 KA₁、KA₂ 动作，经过一定时限后，其常开触点闭合，常闭触点断开，这时断路器 QF 的交流操作跳闸线圈 YR₁、YR₂ 通电动作，断路器 QF 跳闸，切除故障部分。在继电器去分流的同时，其信号牌自动掉下，指示保护装置已经动作。当故障切除后，KA₁、KA₂ 返回，但其信号牌需手动复归。

关于反时限过电流保护的整定计算可参考其他书籍，这里不再赘述。

6.5.2　电流速断保护

上述带时限的过电流保护，是靠牺牲时间来满足选择性的。而对单侧电源来说，越靠近电源，短路电流越大，动作时限也越长。当定时限过电流保护的动作时限大于 0.7s 时还应装设电流速断保护，作为快速动作的主保护。这种保护实际上是一种瞬时动作的过电流保护。

1. 原理接线图

线路的定时限过电流保护和电流速断保护的原理接线图如图 6-22 所示。其中 KA₁、KA₂、KT、KS₁ 和 KM 是定时限过电流保护的元件。而 KA₃、KA₄、KS₂ 和 KM 是电流速断保护的元件。

图 6-22　线路的定时限过电流保护和电流速断保护的原理接线图

2. 工作原理

当一次电路在速断保护区发生相间短路时，反映到电流互感器的二次电流，使电流继电器 KA_3、KA_4 至少有一个瞬时动作，常开触点闭合，直接接通信号继电器 KS_2 和中间继电器 KM。KM 动作后，其常开触点接通跳闸线圈 YR，使断路器 QF 跳闸，切除短路故障。与此同时，KS_2 动作，接通速断信号回路。

3. 动作电流整定及灵敏度校验

1）动作电流整定

为了保证上、下两级瞬时动作电流速断保护的选择性，电流速断保护装置一次侧的动作电流应该躲过系统在最大运行方式下，它所保护线路的末端的三相短路电流，即

$$I_{qb.1} = K_{rel} \cdot I_{k.max}^{(3)} \tag{6-34}$$

而继电器的动作电流与一次动作电流之间的关系为

$$I_{qb.KA} = \frac{K_w}{K_i} \cdot I_{qb.1}$$

所以继电器的动作电流为

$$I_{qb.KA} = \frac{K_{rel} \cdot K_w}{K_i} \cdot I_{k.max}^{(3)} \tag{6-35}$$

式中，K_{rel} 为可靠系数，DL 型继电器取 1.2～1.3，GL 型继电器取 1.4～1.5；$I_{qb.KA}$ 为电流速断保护的继电器动作电流；$I_{qb.1}$ 为电流速断保护的一次侧动作电流；$I_{k.max}^{(3)}$ 为系统在最大运行方式下，被保护线路末端的三相短路电流。

2）灵敏度校验

电流速断保护的灵敏度校验原则是，应以系统在最小运行方式下，被保护线路首端（保护装置安装处）发生两相短路的短路电流进行校验，即

$$K_p = \frac{I_{k.min}^{(2)}}{I_{qb.1}} \geqslant 1.5 \sim 2 \tag{6-36}$$

式中，K_p 为灵敏度，按 BG 50062—2008，$K_p \geqslant 1.5$，按 JBJ6—2008，$K_p \geqslant 2$；$I_{k.min}^{(2)}$ 为系统在最小运行方式下，被保护线路首端的两相短路电流。

4. 电流速断保护的"死区"及其弥补

应该指出，为了满足选择性，电流速断保护的动作电流整定值较大，因此电流速断保护是不能保护全部线路的，也就是说存在不动作区（一般叫作"死区"）。

为了弥补这一缺陷，应该与定时限过电流保护装置配合使用。在电流速断保护区内，电流速断保护为主保护，定时限过电流保护为后备保护；而在电流速断保护的死区内，定时限过电流保护为基本保护。

例 6-3　图 6-23 所示为无限大容量系统供电的 35kV 放射式线路，已知线路 WL_1 的负荷为 150A，取最大负荷倍数为 1.8，线路 WL_1 上的电流互感器 TA_1 的变比选为 300/5，线路 WL_2 上定时限过电流保护的动作时限为 2.0s。其他相关值如表 6-2 所示，如果在线路 WL_1 上装设两相两式接线的定时限过电流保护装置和电流速断保护装置，试计算各保护装置的动作电流、动作时限，并进行灵敏度校验。

图 6-23　例 6-3 电力线路图

表 6-2　例 6-3 的表

短　路　点	最大运行方式下的三相短路电流 $I_{k.max}^{(3)}$ /A	最小运行方式下的三相短路电流 $I_{k.min}^{(3)}$ /A
k-1	3450	3080
k-2	1330	1210
k-3	610	580

解： 1）WL$_1$ 线路的定时限过电流保护

保护装置的一次侧动作电流可按式（6-30）求得：

$$I_{op.1} = \frac{K_{rel}}{K_{re}} \cdot I_{L.max} = \frac{1.2}{0.85} \times 1.8 \times 150 = 381A$$

继电器的动作电流可按式（6-31）求得：

$$I_{op.KA} = \frac{K_w}{K_i} \cdot I_{op.1} = \frac{1}{300/5} \times 381 = 6.35A$$

可选取电流整定范围为 2.5～10A 的 DL 型电流继电器，并整定在 6.5A 上。此时，$I_{op.1} = 300/5 \times 6.5 = 390A$。

动作时限可按式（6-32）计算：

$$t_1 = t_2 + \Delta t = 2.0 + 0.5 = 2.5s$$

可选取时间整定范围为 1.2～5s 的 DS 型时间继电器，并整定在 2.5s 上。

灵敏度校验如下。

（1）作为 WL$_1$ 的主保护时，按式（6-33）有

$$K_p = \frac{I_{k.min}^{(2)}}{I_{op.1}} = \frac{\sqrt{3}}{2} \times \frac{1210}{390} = 2.68 \geqslant 1.5$$

（2）作为 WL$_1$ 的后备保护时，按式（6-33）有

$$K_p = \frac{I_{k.min}^{(2)}}{I_{op.1}} = \frac{\sqrt{3}}{2} \times \frac{580}{390} = 1.28 \geqslant 1.25$$

可见，均满足灵敏度要求。

2）WL$_1$ 线路的电流速断保护

保护装置的一次侧动作电流可按式（6-34）求得：

$$I_{qb.1} = K_{rel} \cdot I_{k.max}^{(3)} = 1.3 \times 1330 = 1729A$$

继电器的动作电流可按式（6-35）求得：

$$I_{qb.KA} = \frac{K_{rel} \cdot K_w}{K_i} \cdot I_{k.max}^{(3)} = \frac{1.3 \times 1}{300/5} \times 1330 = 28.8A$$

可选取电流整定范围为 12.5～50A 的 DL 型电流继电器，并整定在 28A 上。

灵敏度校验可按式（6-36）进行：

$$K_{\text{p}} = \frac{I_{\text{k.min}}^{(2)}}{I_{\text{qb.1}}} = \frac{\sqrt{3}}{2} \times \frac{3080}{1729} = 1.54 \geqslant 1.5$$

6.6 电力变压器继电保护

电力变压器在供配电系统中应用得非常普遍，占有很重要的地位。因此，提高电力变压器工作的可靠性，对保证供电系统的安全、稳定运行具有十分重要的意义。

6.6.1 电力变压器的故障类型

电力变压器的故障可分为内部故障和外部故障两大类。内部故障主要有相间短路、绕组的匝间短路和单相接地短路。发生内部故障是很危险的，因为短路电流产生的电弧不仅会破坏绕组的绝缘，烧毁铁芯，而且绝缘材料和电力变压器油受热分解会产生大量气体，可能引起电力变压器油箱爆炸。电力变压器最常见的外部故障是引出线上绝缘套管的故障，这种故障可能导致引出线的相间短路和接地（对电力变压器外壳）短路。

电力变压器的不正常工作状态主要有由于外部短路和过负荷引起的过电流、油面的极度降低和温度升高等。根据上述情况，电力变压器一般应装设继电保护装置。

6.6.2 电力变压器保护装置的配置

为了保证电力系统安全可靠地运行，针对电力变压器的上述故障和不正常工作状态，电力变压器应装设以下保护装置，电力变压器保护装置的配置原则如表 6-3 所示。

表 6-3 电力变压器保护装置的配置原则

保护装置名称	配置原则
瓦斯保护装置	用以防御电力变压器油箱内部故障和油面降低的瓦斯保护装置，常用于保护容量在 800kVA 及以上（车间内电力变压器容量在 400kVA 及以上）的油浸式电力变压器
过电流保护装置	电力变压器的容量无论大小，都应该装设过电流保护装置。容量 400kVA 以下的电力变压器多采用高压熔断器保护，当 400kVA 及以上的电力变压器高压侧装有高压断路器时，应装设带时限的过电流保护装置
差动保护装置	差动保护用以防御电力变压器绕组内部及两侧绝缘套管和引出线上所出现的各种短路故障，包括电力变压器从一次进线到二次出线之间的各种相间短路、绕组匝间短路、中性点直接接地系统的电网侧绕组和引出线的接地短路等。差动保护属于瞬时动作的主保护。规程规定，单独运行的容量在 10000kVA 及以上（并联运行时，容量在 6300kVA 及以上）的电力变压器，或者容量在 2000kVA 以上，装设的电流速断保护装置灵敏度不合格的电力变压器，应装设差动保护
电流速断保护装置	对于车间电力变压器，过电流保护可作为主保护。如果过电流保护的时限超过 0.5s，而且容量不超过 8000kVA，应将电流速断保护作为主保护，而过电流保护作为后备保护
过负荷保护装置	用以防御电力变压器对称过负荷的过负荷保护，该保护多装在 400kVA 以上并联运行的电力变压器上，对单台运行，易于发生过载的电力变压器也应装设过负荷保护装置。电力变压器的过负荷保护通常只动作于信号

6.6.3 瓦斯保护

瓦斯保护是一种非电量保护，它是以气体继电器（也叫作瓦斯继电器）为核心元件的保护装置。

1. 瓦斯继电器的安装

当电力变压器油箱内部发生任何短路故障时，箱内绝缘材料和绝缘油在高温电弧的作用

1—电力变压器油箱；2—连通管；3—瓦斯继电器；4—油枕。

图 6-24 瓦斯继电器在电力变压器上的安装

下分解出气体。若故障轻微（如匝间短路），则产生的气体上升较慢。若故障严重（如相间短路），则迅速产生大量气体，同时产生很大的压力，使电力变压器油向油枕中急速冲击。根据这些特点，可在油枕和电力变压器油箱之间的连通管上装设反映气体保护的瓦斯继电器，如图 6-24 所示。

2．瓦斯继电器的结构和工作原理

图 6-25 是 FJ3-80 型瓦斯继电器的结构示意图。

1）电力变压器正常运行

在电力变压器正常运行时，油箱内由于没有气体产生，瓦斯继电器的上、下油杯中都是充满油的，油杯因其平衡锤的作用使其上、下触点都是断开的，故瓦斯保护不动作。

2）轻瓦斯动作

当电力变压器内部发生轻微故障时（如匝间短路），局部高温作用在绝缘材料和电力变压器油上，使其在油箱内产生少量气体，迫使瓦斯继电器油面下降，上油杯因其中盛有剩余的油使其力矩大于平衡锤的力矩而下降，使瓦斯继电器的轻瓦斯触点（上触点）动作，发出轻瓦斯动作信号，这就是轻瓦斯动作，但不动作于断路器跳闸。

3）重瓦斯动作

当电力变压器内部发生严重故障（如相间短路）时，瞬间产生大量气体，在电力变压器油箱和油枕之间的连通管中出现强烈的油流，这大量的油气混合体经过瓦斯继电器时，使瓦斯继电器的重瓦斯触点动作，使断路器跳闸，同时发出重瓦斯动作信号。

如果电力变压器漏油，油面过度降低，也有可能使瓦斯继电器动作，发出预告信号或使断路器跳闸。

1—盖；2—容器；3、7—上、下油杯；4、8—永久磁铁；5、9—上、下动触点；
6、10—上、下静触点；11—支架；14—挡板；15、12—上、下油杯平衡锤；
16、13 上、下油杯转轴；17—放气阀；18—接线盒。

图 6-25 FJ3-80 型瓦斯继电器的结构示意图

4）原理接线图

图 6-26 是电力变压器瓦斯保护的原理接线图。当电力变压器内部发生轻瓦斯故障时，瓦斯继电器 KG 的上触点 KG1-2 闭合，作用于预告（轻瓦斯动作）信号；当电力变压器内部发生严重故障时，KG 的下触点 KG1-2 闭合，经中间继电器 KM 作用于断路器 QF 的跳闸机构 YR，使 QF 跳闸。同时通过信号继电器 KS 发出跳闸（重瓦斯动作）信号。图 6-26 中的切换片 XB 是在瓦斯继电器非工作情况（如试验瓦斯继电器）切换到动作于信号的位置。

图 6-26　电力变压器瓦斯保护的原理接线图

应该指出：瓦斯保护的主要优点是结构简单、动作迅速、灵敏度高，能保护电力变压器油箱内各种短路故障，特别是对绕组的匝间短路反应最灵敏，是其他保护装置不能比拟的。所以瓦斯保护是电力变压器内部故障的主保护，它的缺点是不能对电力变压器油箱外部的任何故障有反应，因而还需要和其他保护装置（如过电流保护、电流速断保护或差动保护）配合使用。

6.4.4　定时限过电流保护、电流速断保护和过负荷保护

图 6-27 是电力变压器的定时限过电流保护、电流速断保护和过负荷保护的综合原理接线图。

图 6-27　电力变压器的定时限过电流保护、电流速断保护和过负荷保护的综合原理接线图

电力变压器的定时限过电流保护的组成和原理与线路定时限过电流保护完全相同。而电力变压器的电流速断保护的组成和原理与线路电流速断保护也完全相同。对于电力变压器的过负荷保护，它是反映电力变压器正常运行时的过载情况的，一般动作于信号。由于电力变压器的过负荷电流大多是三相对称增大的，因此过负荷保护只需在一相电流互感器二次端接一个电流继电器（图 6-27 中的 KA_5）。

关于电力变压器的定时限过电流保护、电流速断保护的整定计算方法与高压电力线路的

定时限过电流保护、电流速断保护的整定计算方法基本相同，这里不再赘述。至于过负荷保护的整定计算也相对简单，需要时可参看相关书籍。

应该指出，电力变压器的定时限过电流保护装置是用于防御内、外部各种相间短路，并作为瓦斯和差动保护的后备保护（或电流速断保护）。

本章小结

企业供电系统继电保护装置的主要任务是借助断路器自动地、迅速地、有选择地将故障元件从供电系统中切除；能正确地反映电气设备的不正常运行状态，并根据要求发出信号。对继电保护的要求要具有选择性、速动性、可靠性和灵敏性。

企业常用的典型继电器有电流继电器、时间继电器、信号继电器、中间继电器和瓦斯继电器及他们的基本结构、动作原理、整定方法、文字符号、图形符号等。

企业高压电力线路的定时限过电流保护和电流速断保护接线图、工作原理、动作电流和动作时限的整定、灵敏度校验。

电力变压器保护是根据电力变压器容量和重要程度确定的。电力变压器的故障分为内部故障和外部故障两种。主要介绍电力变压器的故障类型、保护装置的配置原则、瓦斯保护、差动保护、过电流保护、电流速断保护和过负荷保护等。

低压系统中的保护是熔断器保护和低压断路器保护。根据熔断器的保护特性曲线，通过熔体的电流与熔断时间的关系具有反时限特性。低压断路器也称为自动开关，是一种能自动切断故障的低压保护电器，适用于正常情况下不频繁操作的电路。

复习思考题

6-1 继电保护装置的作用是什么？对继电保护装置有哪些基本要求？

6-2 电磁式电流继电器由哪几个部分组成？它是怎样动作的？怎样返回的？

6-3 电磁式时间继电器由哪几个部分组成？它的动作原理是什么？它内部的附加电阻是起什么作用的？

6-4 电磁式中间继电器由哪几个部分组成？它的触点数量和触点容量与其他继电器有什么区别？

6-5 电磁式信号继电器由哪几个部分组成？电磁式信号继电器接入电路的方式有几种？它一旦动作，怎样进行复归？

6-6 感应式电流继电器由哪几个部分组成？它是怎样动作的？怎样返回的？它有几个动作特性？叫作什么动作特性？

6-7 什么是电磁式电流继电器的动作电流？什么是电磁式电流继电器的返回电流？什么是电磁式电流继电器的返回系数？

6-8 写出电磁式电流继电器、电磁式时间继电器、电磁式中间继电器、电磁式信号继电器及感应式电流继电器的文字符号，并画出它们的图形符号。

6-9 线路的定时限过电流保护的动作电流和动作时限是怎样进行整定的？灵敏度是怎样校验的？

6-10 线路的反时限过流保护用什么电流继电器？反时限是指什么？

6-11　线路的电流速断保护的动作电流是怎样进行整定的？灵敏度是怎样校验的？

6-12　电力变压器的故障类型有哪些？不正常工作状态是什么？

6-13　电力变压器继电保护装置装设的原则是什么？

6-14　电力变压器瓦斯保护装置装设的原则是什么？在什么情况下轻瓦斯动作？什么情况下重瓦斯动作？

6-15　电力变压器差动保护的特点是什么？

6-16　电力变压器的定时限过电流保护和电流速断保护与线路的保护有什么相同点和不同点？

6-17　选择熔断器时应考虑哪些条件？什么是熔体的额定电流？什么是熔断器（熔管）的额定电流？

6-18　低压断路器在低压系统中主要有哪些配置方式？

习题

6-1　中、小容量（可以认为 5600kVA 以下）电力变压器通常装设哪些继电保护装置？20000kVA 及以上容量的电力变压器通常装设哪些继电保护装置？

6-2　有一台 380V 电动机，$I_{N.M}$=20.2A，I_{stM}=141A；该电动机端子处的三相短路电流 $I_k^{(3)}$=16kA，试选择保护该电动机的 RT0 型熔断器及其熔体的额定电流，并选择该电动机配电线（采用的 BLV 型导线穿塑料管）的导线截面及管径。设环境温度为+30℃。

6-3　某 380V 架空线路，I_{30}=280A，最大工作电流为 600A，线路首端三相短路电流为 1.7kA；末端单相短路电流为 1.4kA，它小于末端两相短路电流。选择首端装设 DW10 型自动开关，整定其动作电流，校验其灵敏度。

6-4　如图 6-28 所示，已知线路 WL 的总负荷 S_{30}=1100kVA。该线路装设定时限过电流保护装置及电流速断保护装置。系统两点的三相短路电流如表 6-4 所示。（K_i 在 15/5，100/5，600/5 中选取）。

（1）求继电器动作电流及保护装置的动作电流；

（2）求保护装置的动作时限；

（3）进行灵敏度校验。

图 6-28　题 6-4 供电系统线路图

表 6-4　题 6-4 的表

短 路 点	$I_{k.max}^{(3)}$ /A	$I_{k.min}^{(3)}$ /A
k-1	1300	570
k-2	2690	2850

6-5 图 6-29 所示为供电系统的 10kV 线路，已知线路 WL_1 的负荷为 148A，取最大负荷电流为 243A，线路 WL_1 上的电流互感器变比选为 300/5，线路 WL_2 上定时限过电流保护装置的动作时限为 0.5s。其他值如表 6-5 所示，如果在线路 WL_1 上装设两相两继电器式接线的定时限过电流保护装置和电流速断保护装置，试计算各保护装置的动作电流、动作时限，并进行灵敏度校验。

图 6-29 题 6-5 供电系统线路图

表 6-5 题 6-5 的表

短 路 点	$I_{k.max}^{(3)}$ /A	$I_{k.min}^{(3)}$ /A
k-1	3200	2800
k-2	2500	2200

第7章 供电系统的二次回路和自动装置

▶ 学习目标与重点

◇ 供电系统二次回路和自动装置的概述。
◇ 交、直流操作电源的种类和工作原理。
◇ 高压断路器的控制回路和信号回路。
◇ 变电站综合自动化系统。

▶ 关键术语

二次回路；交、直流操作电源；自动装置；变电站综合自动化

7.1 概述

7.1.1 二次回路及其分类

企业供电系统或变配电所的二次回路（二次电路）是指用来控制、指示、监测和保护一次电路运行的电路，也称二次系统，包括控制系统、信号系统、监测系统及继电保护和自动化系统等。

二次回路按其电源性质可分为直流回路和交流回路。交流回路又分为交流电流回路和交流电压回路。交流电流回路由电流互感器供电，交流电压回路由电压互感器供电。

二次回路按其用途可分为断路器控制（操作）回路、信号回路、测量和监视回路、继电保护和自动装置回路等。

二次回路在供电系统中虽然是其一次电路的辅助系统，但是它对一次电路的安全、可靠、优质、经济地运行有着十分重要的作用，因此必须予以充分的重视。

7.1.2 操作电源及其分类

二次回路的操作电源是供高压断路器分、合闸回路，继电保护装置，信号回路，监测系统及其他二次回路用电所需的电源。因此对操作电源的可靠性要求很高，容量要求足够大，且要求尽可能不受供电系统运行的影响。

操作电源分为直流操作电源和交流操作电源两大类。直流操作电源有由蓄电池组供电的电源和由整流装置供电的电源两种。交流操作电源有由所（站）用电力变压器供电的交流操作电源和通过电流互感器、电压互感器供电的交流操作电源两种。

7.1.3　高压断路器的控制回路和信号回路

高压断路器的控制回路是指控制（操作）高压断路器分、合闸的回路。它取决于高压断路器操作机构的形式和操作电源的类别。电磁操作机构只能采用直流操作电源，弹簧操作机构和手动操作机构可交、直流两用，不过一般采用交流操作电源。

高压断路器的信号回路是用来指示一次系统设备运行状态的二次回路。信号按用途可分为位置信号、事故信号和预告信号等。

位置信号用来显示高压断路器正常工作的位置状态。一般红灯亮表示高压断路器处在合闸位置；绿灯亮表示高压断路器处在分闸位置。

事故信号用来显示高压断路器在一次系统事故情况下的工作状态。一般红灯闪光，表示高压断路器自动合闸；绿灯闪光，表示高压断路器自动跳闸。此外，还有事故音响信号和光字牌等。

预告信号是在一次系统出现不正常工作状态时或在故障初期发出的报警信号。例如，电力变压器过负荷或者轻瓦斯动作时，就发出区别于上述事故音响信号的另一种预告音响信号，同时光字牌亮，指示出故障的性质和地点，值班员可根据预告信号及时进行处理。

对高压断路器的控制回路和信号回路有下列基本要求。

（1）应能监视控制回路的保护装置（如熔断器）及其分、合闸回路的完好性，以保证高压断路器的正常工作，通常采用灯光监视的方式。

（2）合闸或分闸完成后，应能使命令脉冲解除，即能切断合闸或分闸的电源。

（3）应能指示高压断路器正常分、合闸的位置状态，并在自动合闸和自动跳闸时有明显的指示信号。

（4）高压断路器的事故跳闸信号回路，应按"不对应原理"接线。当高压断路器采用手动操作机构时，利用操作机构的辅助触点与断路器的辅助触点构成"不对应"关系，即当操作机构手柄在合闸位置而高压断路器已经跳闸时，发出事故跳闸信号。当高压断路器采用电磁操作机构或弹簧操作机构时，则利用控制开关的触点与高压断路器的辅助触点构成"不对应"关系，即控制开关手柄在合闸位置而高压断路器已经跳闸时，发出事故跳闸信号。

（5）对有可能出现不正常工作状态或故障的设备，应装设预告信号。预告信号应能使控制室或值班室的中央信号装置发出音响信号或灯光信号，并能指示故障的性质和地点。通常预告音响信号用电铃，而事故音响信号用电笛，两者有所区别。

7.1.4　供电系统的自动装置

1. 自动重合闸装置（ARD）

运行经验表明，供电系统中的不少故障（特别是架空线路上的短路故障）大多是暂时性的，这些故障在断路器跳闸后，多数能很快自行消除。因此，如果采用 ARD，使断路器在自动跳闸后又自动重合闸，大多能恢复供电，那么将大大提高供电可靠性，避免因停电而带来的重大损失。

单端供电线路的三相 ARD，按其不同特性有不同的分类方法。按自动重合闸的方法分，有机械式 ARD 和电气式 ARD。按组合元件分，有机电型 ARD、晶体管型 ARD 和微机型 ARD。按重合次数分，有一次重合式 ARD、二次重合式 ARD 和三次重合式 ARD 等。

机械式 ARD，适用于采用弹簧操作机构的断路器，可在具有交流操作电源或具有直流跳闸电源但没有直流合闸电源的变配电所中使用。电气式 ARD，适用于采用电磁操作机构的断路器，可在具有直流操作电源的变配电所中使用。

运行经验证明：ARD 的重合成功率随着重合次数的增大而显著减小。对架空线路来说，一次重合成功率可达 60%～90%，而二次重合成功率只有 15%左右，三次重合成功率仅 3%左右。因此企业供电系统中一般只采用一次重合式 ARD。

2．备用电源自动投入装置（APD）

在要求供电可靠性较高的企业变配电所中，通常设有两路及以上的电源进线。在车间变电站低压侧，一般也设有与相邻车间变电站相连的低压联络线。若在作为备用电源的线路上装设 APD，则在工作电源线路突然停电时，利用失压保护装置使该线路的断路器跳闸，并在 APD 作用下，可使备用电源线路的断路器迅速合闸，投入备用电源，恢复供电，从而大大提高供电可靠性。

7.2　操作电源

7.2.1　由蓄电池组供电的直流操作电源

1．铅酸蓄电池

铅酸蓄电池的正极二氧化铅（PbO_2）和负极铅（Pb）插入稀硫酸（H_2SO_4）溶液里，就发生化学变化。在两极板上产生不同的电位，这两个电位在外电路断开时的电位差就是蓄电池的电势。

一般来说，单个铅酸蓄电池的额定端电压为 2V，放电后额定端电压由 2V 降到 1.8～1.9V；在充电结束时，额定端电压可升高到 2.6～2.7V。为了获得 220V 的直流操作电压，蓄电池额定端电压按高于直流母线 5%来考虑，即按 230V 计算蓄电池的个数，故所需蓄电池的上限个数为 n_1=230/1.8≈128 个，所需蓄电池的下限个数为 n_2=230/2.7=85 个。因此有 $n=n_1-n_2$=128-85=43 个蓄电池用于调节直流输出电压。它是通过双臂电池调节器来完成的。

采用铅酸蓄电池组的直流操作电源，是一种特定的操作电源系统，无论供电系统发生何种事故，甚至在交流电源全部停电的情况下，仍能保证控制回路、信号回路、继电保护及自动装置等能可靠工作，同时还能保证事故照明用电，这是它的突出优点。但铅酸蓄电池组也有许多缺点，比如，它在充电时要排出氢和氧的混合气体，有爆炸危险；而且会随着气体带出硫酸蒸气，有强腐蚀性，危害着人身健康和设备安全。因此铅酸蓄电池组要求单独装设在专用房间内，而且要进行防腐、防爆处理，因此投资很大。

2．镉镍蓄电池

镉镍蓄电池的正极为氢氧化镍[$Ni(OH)_3$]或三氧化二镍（Ni_2O_3）的活性物，负极为镉（Cd），溶液为氢氧化钾（KOH）或氢氧化钠（NaOH）等碱溶液。

单个镉镍蓄电池的额定端电压为 1.2V，充电结束时额定端电压可达 1.75V。

采用镉镍蓄电池组的直流操作电源，除不受供电系统运行情况的影响和工作可靠外，还有大电流放电性能好、使用寿命长、腐蚀性小、占地面积小、充放电控制方便及无须专用房间

等优点，因此在企业供电系统中有逐渐取代铅酸蓄电池组的直流操作电源的趋势。

7.2.2　由整流装置供电的直流操作电源

目前在企业供电系统的变配电所中，直流操作电源主要采用带电容储能的直流装置或带镉镍蓄电池储能的直流装置。

图 7-1 所示为带有两组不同容量的硅整流器的带电容储能的直流装置。硅整流器的交流电源由不同的所用电力变压器供给，一路工作，一路备用，用接触器自动切换。在正常情况下，两台硅整流器同时工作，较大容量的硅整流器（U_1）供断路器合闸；较小容量的硅整流器（U_2）只供控制回路、保护（跳闸）回路及信号回路供电。在 U_2 故障时，U_1 可以通过逆止元件 VD_3 向控制母线供电。

C_1、C_2—储能电容器；WC—控制小母线；WF—闪光信号小母线；WO—合闸小母线。

图 7-1　带电容储能的直流装置

当电力系统发生故障，380V 交流电源电压下降时，直流 220V 母线电压也相应下降。此时利用并联在保护回路中的电容 C_1 和 C_2 的储能来使继电保护装置动作，达到断路器跳闸的目的。

在正常情况下，各断路器的直流控制系统中的信号灯及重合闸继电器由信号回路供电，使这些元件不消耗电容器中储存的电能。在保护回路装设逆止元件 VD_1 及 VD_2 的目的也是为了使电容器中储存的电能仅用来维持保护回路的电源，而不向其他与保护（跳闸）无关的元件放电。

7.2.3　交流操作电源

采用交流操作电源时，对控制回路、信号回路、自动装置回路及事故照明等，均由所用电力变压器供电。对某些继电保护装置通常则由电流互感器所传递的短路电流作为操作电源。目前，最常见的几种交流操作如图 7-2 所示。

（a）直动式　　　　　　　　　（b）感应式

图 7-2　几种交流操作的原理电路图

图 7-2（a）为直动式脱扣器去跳闸；图 7-2（b）为感应式 GL-15、GL-16 型继电器将脱扣器去分流。由直动式脱扣器去跳闸的交流操作，常采用瞬时电流脱扣器装在断路器手动操作机构中，直接由电流互感器供电，当主电路发生短路故障时，短路电流流过电流互感器，使瞬时脱扣器动作，断路器跳闸。这种方式结构简单，不需要其他附加设备。但灵敏度较低，只适用于单电源放式末端线路或小容量电力变压器的保护。

去分流的交流操作也是由电流互感器直接向脱扣器供电。正常运行时，脱扣器 YR 被继电器常闭触点短接，无电流通过。当发生短路故障时，继电器动作，使触点切换，将脱扣器接入电流互感器二次侧，利用短路电流的能量使断路器跳闸。

7.3　高压断路器的控制回路和信号回路

7.3.1　手动操作的高压断路器控制回路和信号回路

图 7-3 是手动操作的高压断路器控制回路和信号回路的原理图。合闸时，推上操作机构手柄使高压断路器合闸。这时高压断路器的辅助触点 QF3-4 闭合，红色指示灯 RD 亮，指示高压断路器 QF 已经合闸。由于有限流电阻 R，跳闸线圈 YR 虽有电流通过，但电流很小，不会动作。红色指示灯 RD 亮，还表示跳闸线圈 YR 回路及控制回路的熔断器 FU₁、FU₂ 是完好的，即红色指示灯 RD 同时起着监视跳闸回路完好性的作用。

分闸时，扳下操作机构手柄使断路器分闸。这时高压断路器的辅助触点 QF3-4 断开，切断跳闸回路，同时辅助触点 QF1-2 闭合，绿色指示灯 GN 亮，指示高压断路器 QF 已经分闸。绿色指示灯 GN 亮，还表示控制回路的熔断器 FU₁、FU₂ 作用。

在正常操作高压断路器分、合闸时，由于绿色指示灯 GN 起着监视控制回路完好性的作用，并与操作机构辅助触点 QM 与高压断路器的辅助触点 QF5-6 是同时切换的，总是一开一合，因此事故信号回路总是不通的，因而不会错误地发出事故信号。

WC—控制小母线；WS—信号小母线；GN—绿色指示灯；RD—红色指示灯；R—限流电阻；YR—跳闸线圈（脱扣器）；
KM—出口继电器；QF1~6—高压断路器 QF 的辅助触点；QM—手动操作机构的辅助触点。

图 7-3　手动操作的高压断路器控制回路和信号回路的原理图

当一次电路发生短路故障时，继电保护装置动作，其出口继电器 KM 的触点闭合，接通跳闸线圈 YR 的回路（触点 QF3-4 原已闭合），使高压断路器 QF 跳闸。随后触点 QF3-4 断开，使红色指示灯 RD 灭，并切断 YR 的跳闸电源。与此同时，触点 QF1-2 闭合，使绿色指示灯 GN 亮。这时操作机构的操作手柄虽然仍在合闸位置，但其黄色指示牌掉下，表示断路器已自动跳闸。同时事故信号回路接通，发出音响信号和灯光信号。事故信号回路正是按"不对应原理"来接线的，由于操作机构仍在合闸位置，其辅助触点 QM 闭合，而高压断路器因已跳闸，其辅助触点 QF5-6 也返回闭合，因此事故信号回路接通。当值班员得知事故跳闸信号后，可将操作手柄扳下至分闸位置，这时黄色指示牌随之返回，事故信号也随之解除。

控制回路中分别与指示灯 GN 和 RD 串联的电阻 R_1 和 R_2，主要用来防止指示灯的灯座短路时造成控制回路短路或高压断路器误跳闸。

7.3.2　电磁操作的高压断路器控制回路和信号回路

图 7-4 所示是电磁操作的高压断路器控制回路和信号回路的原理图，其操作电源采用图 7-4 所示的硅整流电容储能的直流系统。控制开关采用双向自复式并具有保持触点的 LW5 型万能转换开关，其手柄正常时在垂直位置（0°）。顺时针扳转 45°，为合闸（ON）操作，手松开即自动返回（复位），保持合闸状态。逆时针扳转 45°，为分闸（OFF）操作，手松开也自动返回，保持分闸状态。图中虚线上有黑点（•）的触点，表示在此位置时触点接通；而虚线上标出的箭头（→），表示控制开关 SA 手柄自动返回的方向。

合闸时，将控制开关 SA 的手柄顺时针扳转 45°，这时其触点 SA1-2 接通，合闸接触器 KO 通电（回路中触点 QF1-2 原已闭合），其主触点闭合，使电磁合闸线圈 YO 通电，高压断路器 QF 合闸。高压断路器合闸完成后，SA 自动返回，其触点 SA1-2 断开，触点 QF1-2 也断开，切断合闸回路；同时触点 QF3-4 闭合，红色指示灯 RD 亮，指示高压断路器已经合闸，并监视着跳闸线圈 YR 回路的完好性。

分闸时，将控制开关 SA 的手柄逆时针扳转 45°，这时其触点 SA7-8 接通，跳闸线圈 YR 通电（回路中触点 QF3-4 原已闭合），使高压断路器 QF 分闸。高压断路器分闸后，SA 自动返回，其触点 SA7-8 断开，触点 QF3-4 也断开，切断跳闸回路；同时触点 SA3-4 闭合，触点 QF1-2 也闭合，绿色指示灯 GN 亮，指示高压断路器已经分闸，并监视着合闸接触器 KO 回路的完好性。

WC—控制小母线；WL—灯光信号小母线；WF—闪光信号小母线；WS—信号小母线；WAS—事故音响信号小母线；
WO—合闸小母线；SA—控制开关；KO—合闸接触器；YO—电磁合闸线圈；YR—跳闸线圈；KM—出口继电器；
QF1～6—高压断路器 QF 的辅助触点；GN—绿色指示灯；RD—红色指示灯；ON—合闸操作方向；OFF—分闸操作方向。

图 7-4　电磁操作的高压断路器控制回路和信号回路的原理图

由于红绿指示灯兼起监视分、合闸回路完好性的作用，长时间运行时耗电较多。为了减少操作电源中储能电容器能量的过多消耗，另设灯光指示小母线 WL（+），专门用来接入红绿指示灯，储能电容器的能量只用来供电给控制小母线 WC。

当一次电路发生短路故障时，继电保护装置动作，其出口继电器触点 KM 闭合，接通跳闸线圈 YR 回路（回路中触点 QF3-4 原已闭合），使高压断路器 QF 跳闸。随后触点 QF3-4 断开，使红色指示灯 RD 灭，并切断跳闸回路，同时触点 QF1-2 闭合，而 SA 在合闸位置，其触点 SA5-6 也闭合，从而接通闪光电源 WF（+），使绿色指示灯闪光，表示高压断路器 QF 自动跳闸。由于 QF 自动跳闸，SA 在合闸位置，其触点 SA9-10 闭合，而 QF 已经跳闸，其触点 QF5-6 也闭合，因此事故音响信号回路接通，发出事故音响信号。当值班员得知事故跳闸信号后，可将控制开关 SA 的操作手柄扳向分闸位置（逆时针扳转 45°后松开），使 SA 的触点与 QF 的辅助触点恢复对应关系，全部事故信号立即解除。

7.3.3　弹簧操作的高压断路器控制回路和信号回路

图 7-5 是采用 CT7 型弹簧操作机构的高压断路器控制回路和信号回路的原理图，其控制开关 SA 采用 LW2 或 LW5 型万能转换开关。

合闸时，先按下按钮 SB，使储能电动机 M 通电运转（位置开关 SQ$_2$ 原已闭合），从而使合闸弹簧储能。弹簧储能完成后，SQ$_2$ 自动断开，切断电动机 M 的回路，同时位置开关 SQ$_1$ 闭合，为合闸做好准备。然后将控制开关 SA 手柄扳向合闸（ON）位置，其触点 SA3-4 接通，合闸线圈 YO 通电，使弹簧释放，通过传动机构使高压断路器 QF 合闸。合闸后，其辅助触点 QF1-2 断开，绿色指示灯 GN 灭，并切断合闸回路；同时 QF3-4 闭合，红色指示灯 RD 亮，指示高压断路器在合闸位置，并监视跳闸回路的完好性。

WC—控制小母线；WS—信号小母线；WAS—事故音响信号小母线；SA—控制开关；SB—按钮；SQ—储能位置开关；YO—电磁合闸线圈；YR—跳闸线圈；QF1~6—断路器辅助触点；M—储能电动机；GN—绿色指示灯；RD—红色指示灯；KM—出口继电器。

图 7-5 采用 CT7 型弹簧操作机构的高压断路器控制回路和信号回路

分闸时，将控制开关 SA 手柄扳向分闸（OFF）位置，其触点 SA1-2 接通，跳闸线圈 YR 通电（回路中触点 QF3-4 原已闭合），使高压断路器 QF 分闸。分闸后，其辅助触点 QF3-4 断开，红色指示灯 RD 灭，并切断跳闸回路；同时触点 QF1-2 闭合，绿色指示灯 GN 亮，指示高压断路器在分闸位置，并监视合闸回路的完好性。

当一次电路发生短路故障时，保护装置动作，其出口继电器 KM 的触点闭合，接通跳闸线圈 YR 回路（回路中触点 QF3-4 原已闭合），使高压断路器 QF 跳闸。随后 QF3-4 断开，红色指示灯 RD 灭，并切断跳闸回路。由于高压断路器是自动跳闸的，控制开关 SA 手柄仍在合闸位置，其触点 SA9-10 闭合，而高压断路器 QF 已经跳闸，触点 QF5-6 闭合，因此事故音响信号回路接通，发出事故跳闸音响信号。值班员得知此信号后，可将控制开关 SA 手柄扳向分闸（OFF）位置，使 SA 触点与 QF 的辅助触点恢复对应关系，从而使事故跳闸音响信号解除。

储能电动机 M 由按钮 SB 控制，从而保证高压断路器合在发生短路故障的一次电路上时，高压断路器自动跳闸后不致重合闸，因而无须另设电气"防跳"装置。

7.4 自动装置

7.4.1 自动重合闸装置（ARD）

1. 电气式一次 ARD 的基本原理

图 7-6 所示是电气式一次 ARD 基本原理的说明简图。

手动合闸时，按下合闸按钮 SB$_1$，使合闸接触器 KO 通电动作，从而使合闸线圈 YO 动作，使高压断路器 QF 合闸。

手动跳闸时，按下跳闸按钮 SB$_2$，使跳闸线圈 YR 通电动作，使高压断路器 QF 跳闸。

当一次电路发生短路故障时，继电保护装置动作，其出口继电器 KM 的触点闭合，接通跳闸线圈 YR 回路，使高压断路器 QF 自动跳闸。与此同时，高压断路器辅助触点 QF3-4 闭合，而且重合闸继电器 KAR 启动，经整定的时间后其延时闭合的常开触点闭合，使合闸接触器 KO 通电动作，从而使高压断路器 QF 重合闸。若一次电路上的故障是瞬时性的，已经消除，

则可重合成功。若短路故障尚未消除，则保护装置又要动作，KM 的触点又使高压断路器 QF
再次跳闸。由于一次 ARD 采取了"防跳"措施（防止多次反复跳、合闸，图 7-6 中未表示），
因此不会再次重合闸。

QF—高压断路器；YR—跳闸线圈；YO—合闸线圈；KO—合闸接触器；KAR—重合闸继电器；
KM—出口继电器；SB$_1$—合闸按钮；SB$_2$—跳闸按钮。

图 7-6　电气式一次 ARD 基本原理的说明简图

2. 电气式一次 ARD 的应用示例

图 7-7 所示是采用 DH-2 型重合闸继电器的电气式一次 ARD 展开式原理电路图（图中仅
绘出与 ARD 有关的部分）。该电路的控制开关 SA$_1$ 采用 LW2 型万能转换开关，其合闸（ON）
和分闸（OFF）操作各有三个位置：预备分、合闸，正在分、合闸，分、合闸后。SA$_1$ 两侧的
箭头"→"的指向就是这种操作程序。选择开关 SA$_2$ 采用 LW2-1.1/F4-X 型，只有合闸（ON）
和分闸（OFF）两个位置，用来投入和解除 ARD。

1）一次 ARD 的工作原理

系统正常运行时，控制开关 SA$_1$ 和选择开关 SA$_2$ 都扳到合闸（ON）位置，一次 ARD 投
入工作。这时重合闸继电器 KAR 中的电容器 C 经 R$_4$ 充电，同时指示灯 HL 亮，表示控制小母
线 WC 的电压正常，电容器 C 处于充电状态。

当一次电路发生短路故障而使高压断路器 QF 自动跳闸时，高压断路器的辅助触点 QF1-2 闭
合，而控制开关 SA$_1$ 仍处在合闸位置，从而接通重合闸继电器 KAR 的启动回路，使 KAR 中的
时间继电器 KT 经它本身的常闭触点 KT1-2 而动作。时间继电器 KT 动作后，其常闭触点 KT1-2
断开，串入电阻 R$_5$，时间继电器使 KT 保持动作状态。串入 R$_5$ 的目的，是限制通过时间继电器
KT 线圈的电流，防止线圈过热烧毁，因为时间继电器 KT 线圈不是按长期接上额定电压设计的。

时间继电器 KT 动作后，经一定延时，其延时闭合的常开触点 KT3-4 闭合。这时电容器 C
对重合闸继电器 KAR 中的中间继电器 KM 的电压线圈放电，使中间继电器 KM 动作。

中间继电器 KM 动作后，其常闭触点 KM1-2 断开，使指示灯 HL 熄灭，表示 KAR 已经
动作，其出口回路已经接通。合闸接触器 KO 由控制小母线 WC 经 SA$_2$、重合闸继电器 KAR
中的 KM3-4、KM5-6 两对触点及中间继电器 KM 的电流线圈、KS 线圈、连接片 XB、触点
KM$_1$3-4 和高压断路器的辅助触点 QF3-4 而获得电源，从而使高压断路器 QF 重合闸。

由于中间继电器 KM 是由电容器 C 放电而动作的，但电容器 C 的放电时间不长，因此为
了使中间继电器 KM 能够自保持，在重合闸继电器 KAR 的出口回路中串入了中间继电器 KM
的电流线圈，借中间继电器 KM 本身的常开触点 KM3-4 和 KM5-6 闭合使之接通，以保持中间
继电器 KM 的动作状态。在高压断路器 QF 合闸后，其辅助触点 QF3-4 断开而使中间继电器
KM 的自保持解除。

WC—控制小母线；SA₁—控制开关；SA₂—选择开关；

KAR（DH—2型）重合闸继电器（内含时间继电器KT、中间继电器KM、指示灯HL及电阻R、电容器C等）；

KM₁—防跳继电器（DZB-115型中间继电器）；KM₂—后加速继电器（DZS-145型中间继电器）；

KS-DX—11型信号继电器；KO—合闸接触器；YR—跳闸线圈；XB—连接片；QF—高压断路器。

图 7-7　电气式一次 ARD 展开式原理电路图

　　在重合闸继电器 KAR 的出口回路中串联信号继电器 KS，是为了记录重合闸继电器 KAR 的动作，并为重合闸继电器 KAR 动作发出灯光信号和音响信号。高压断路器重合成功以后，所有继电器自动返回，电容器 C 又恢复充电。要使 ARD 退出工作，可将选择开关 SA₂ 扳到分闸（OFF）位置，同时将出口回路中的连接片 XB 断开。

　　2）一次 ARD 的基本要求

　　（1）一次 ARD 只重合一次。如果一次电路故障是永久性的，高压断路器在重合闸继电器 KAR 作用下重合后，继电保护装置又要动作，使高压断路器再次自动跳闸。高压断路器第二次跳闸后，重合闸继电器 KAR 又要启动，使时间继电器 KT 动作。但由于电容器 C 还来不及充好电（充电时间需 15～25s），所以电容器 C 的放电电流很小，不能使中间继电器 KM 动作，从而重合闸继电器 KAR 的出口回路不会接通，这就保证了一次 ARD 只重合一次。

　　（2）用控制开关操作高压断路器分闸时，一次 ARD 不应动作，如图 7-7 所示，通常在分闸操作时，先将选择开关 SA₂ 扳至分闸（OFF）位置，其触点 SA₂1-3 断开，使重合闸继电器 KAR 退出工作。同时将控制开关 SA₁ 扳到"预备分闸"及"分闸后"位置时，其触点 SA₁2-4 触点闭合，使电容器 C 先对 R₆ 放电，从而使中间继电器 KM 失去动作电源。因此即使选择开关 SA₂ 没有扳到分闸位置（使重合闸继电器 KAR 退出的位置），在采用控制开关 SA₁ 操作分闸时，高压断路器也不会自行重合闸。

　　（3）一次 ARD 的"防跳"措施。当重合闸继电器 KAR 出口回路中的中间继电器 KM 的触点被粘住时，应防止高压断路器多次重合于发生永久性短路故障的一次电路上。

图 7-7 所示的电气式一次 ARD 电路中，采用了两项"防跳"措施：①在重合闸继电器 KAR 的中间继电器 KM 的电流线圈回路（其自保持回路）中，串联了它自身的两对常开触点 KM3-4 和 KM5-6。这样，万一其中一对常开触点被粘住，另一对常开触点仍能正常工作，不致发生断路器"跳动"，即反复跳、合闸现象。②为了防止 KM 的两对触点 KM3-4 和 KM5-6 同时被粘住时高压断路器仍可能"跳动"，故在高压断路器的跳闸线圈 YR 回路中，又串联了防跳继电器 KM_1 的电流线圈。在高压断路器分闸时，KM_1 的电流线圈同时通电，使 KM_1 动作。当触点 KM3-4 和 KM5-6 同时被粘住时，KM_1 的电压线圈经它自身的常开触点 $KM_1$1-2、XB、KS 线圈、KM 电流线圈及其两对触点 KM3-4、KM5-6 而带电自保持，使 KM_1 在合闸接触器 KO 回路中的常闭触点 $KM_1$3-4 也同时保持断开，使合闸接触器 KO 不致接通，从而达到"防跳"的目的。因此这种防跳继电器 KM_1 实际是一种分闸保持继电器。

采用了防跳继电器 KM_1 以后，即使用控制开关 SA_1 操作断路器合闸，只要一次电路存在着故障，继电保护使高压断路器跳闸后，高压断路器也不会再次合闸。当 SA_1 的手柄扳到"合闸"位置时，其触点 $SA_1$5-8 闭合，合闸接触器 KO 通电，使高压断路器合闸。如果一次电路存在着故障，继电保护将使高压断路器自动跳闸。在跳闸回路接通时，防跳继电器 KM_1 启动。这时即使 SA_1 手柄扳在"合闸"位置，但由于 KO 回路中 KM_1 的常闭触点 $KM_1$3-4 断开，SA_1 的触点 $SA_1$5-8 闭合，也不会再次接通 KO，而是接通 KM_1 的电压线圈使 KM_1 自保持，从而避免高压断路器再次合闸，达到"防跳"的要求。当 SA_1 回到"合闸后"位置时，其触点 $SA_1$5-8 断开，使 KM_1 的自保持随之解除。

7.4.2　备用电源自动投入装置（APD）

在企业供电系统中，为了保证不间断供电，对于具有一级负荷和重要的二级负荷的变电站或重要用电设备、主要线路等，常采用 APD，以保证工作电源因故障电压消失时，备用电源自动投入，继续恢复供电。APD 应用场所较多，如备用电力变压器、备用线路、备用母线及备用机组等。

1．APD 的基本原理

图 7-8 为 APD 的主电路图。图 7-8（a）所示是有一条工作线路和一条备用线路的明备用情况，APD 装设在备用进线高压断路器 QF_2 上。正常运行时，备用电源断开，工作电源 A 一旦失去电压，便被 APD 切除，随即将备用电源 B 自动投入。

图 7-8（b）为两条独立的工作线路分别供电的暗备用情况，APD 装设在母线分段断路器 QF_3 上。正常运行时，分段断路器 QF_3 断开。当其中一条线路失去电压后，APD 能自动将失去电压的线路高压断路器断开，随即将分段高压断路器自动投入，让非故障线路供应全部负荷。

图 7-8　APD 的主电路图

2. 对 APD 的基本要求

APD 应满足以下基本要求。

（1）工作电压不论因何种原因消失，APD 均应起动，但应防止电压互感器、熔断器熔断时造成误动作。

（2）备用电源应在工作电源确实断开后才投入。工作电源若是电力变压器，则其高、低压侧断路器均应断开。

（3）备用电源只能自投一次。

（4）当备用电源自投于故障母线上时，应使其保护装置加速动作，以防事故扩大。

（5）备用电源侧确有电压时才能自投。

（6）兼作几段母线的备用电源，当已代替一个工作电源时，必要时仍能做其他段母线的备用电源。

（7）APD 的时限整定应尽可能短，才可保证负载中电动机自起动的时间要求，时间通常为 1～1.5s。

3. 高压备用线路 APD 的应用示例

图 7-9 所示是高压双电源互为备用的 APD 电路，采用的控制开关 SA_1、SA_2 均为 LW_2 型万能转换开关，其触点 5-8 只在"合闸"时接通，触点 6-7 只在"分闸"时接通。高压断路器 QF_1 和 QF_2 均采用交流操作的 CT7 型弹簧操作机构。假设电源 WL_1 在工作，WL_2 为备用，即高压断路器 QF_1 在合闸位置，QF 高压在分闸位置。这时控制开关 SA_1 在"合闸后"位置，SA_2 在"分闸后"位置，它们的触点 5-8 和 6-7 均断开，而触点 $SA_1$13-16 接通，触点 $SA_2$13-16 断开。红色指示灯 RD_1 亮，绿色指示灯 GN_1 灭；红色指示灯 RD_2 灭，绿色指示灯 GN_2 亮。

WL_1、WL_2—电源进线；QF_1、QF_2—高压断路器；TV_1、TV_2—电压互感器（其二次侧相序为 a、b、c）；

SA_1、SA_2—控制开关；KV_1～KV_4—电压继电器；KT_1、KT_2—时间继电器；KM_1、KM_2—中间继电器；

KS_1～KS_4—信号继电器；YR_1、YR_2—跳闸线圈；YO_1、YO_2—合闸线圈；RD_1、RD_2—红色指示灯；GN_1、GN_2—绿色指示灯。

图 7-9 高压双电源互为备用的 APD 电路

当电源 WL_1 断电时，电压继电器 KV_1 和 KV_2 动作，它们的触点返回闭合，接通时间继电器 KT_1，其延时闭合的常开触点闭合，接通信号继电器 KS_1 和跳闸线圈 YR_1，使高压断路器 QF_1 跳闸，同时给出跳闸信号，红色指示灯 RD_1 因触点 $QF_1$5-6 断开而熄灭，绿色指示灯 GN_1 因触点 $QF_1$7-8 闭合而点亮。与此同时，高压断路器 QF_2 的合闸线圈 YO_2 因触点 $QF_1$1-2 闭合而通电，使高压断路器 QF_2 合闸，从而使备用电源 WL_2 自动投入，恢复变配电所的供电，同时红色指示灯 RD_2 亮，绿色指示灯 GN_2 灭。

反之，如果运行的备用电源 WL_2 又断电，同样地，电压继电器 KV_3、KV_4 将使高压断路器 QF_2 跳闸，使高压断路器 QF_1 合闸，又自动投入电源 WL_1。

7.5 变电站综合自动化系统

7.5.1 变电站综合自动化系统概述

变电站综合自动化系统是供电系统的重要组成部分，主要由硬件系统和软件系统两部分构成。随着计算机技术、通信技术、网络技术和自动控制技术在供电系统的广泛应用，变电站综合自动化技术也得到了迅猛发展。

变电站综合自动化系统实际上是利用计算机技术、通信技术等，对变电站的二次设备（包括继电保护装置、控制装置、测量装置、信号装置、故障录波装置、自动装置和远动装置等）的功能进行重新组合和优化设计，对变电站全部设备的运行情况执行监视、测量、控制和协调的一种综合性的自动化系统。它的出现为变电站的小型化、智能化，扩大设备的监控范围，提高变电站的安全可靠性，优质和经济运行提供了现代化的手段和技术保证。它的运用取代了运行工作中的各种人工作业，从而提高了变电站的运行管理水平。

7.5.2 变电站综合自动化系统的基本功能

1. 数据采集功能

对供电系统运行参数进行实时采集是变电站综合自动化系统的基本功能之一，运行参数可分为模拟量、状态量和脉冲量。

1）模拟量采集

变电站综合自动化系统所采集的模拟量主要包括：变电站各段母线的电压、线路电压、电流、有功功率和无功功率，主电力变压器的电流、有功功率和无功功率，电容器的电流、无功功率，馈出线的电流、电压、功率、频率、相位和功率因数等。此外，模拟量还包括主电力变压器油温、直流电源电压、站用电力变压器电压等。

2）状态量采集

变电站综合自动化系统所采集的状态量包括各断路器位置状态、隔离开关位置状态、继电保护动作状态、周期检测状态、有载调压型电力变压器分接头的位置状态、一次设备运行告警信号和接地信号等。

3）脉冲量采集

变电站综合自动化系统所采集的脉冲量包括脉冲电度表输出的脉冲信号表示的电度量。

2．故障记录功能、故障录波和测距功能

故障记录功能是指记录继电保护动作前后与故障有关的电流和电压量的功能；故障录波和测距功能指微机保护装置兼作故障记录和测距功能，或者采用专门的故障录波装置，对重要电力线路发生故障时进行录波和测距，并实时与监控系统通信的功能。

3．测量功能与监控功能

变电站的各段母线电压、线路电压、电流、有功功率和无功功率、温度等参数均属于模拟量，将其通过 A/D 转换后，由计算机进行分析和处理，可便查询和使用。监控系统可对采集到的电压、电流、频率、主电力变压器油温等量实时地进行越限监视。

4．操作控制功能

变电站工作人员可通过人机接口（键盘、鼠标）对断路器的分、合进行操作，可以对主电力变压器的分接头进行调节控制，也可对电容器组进行投、切控制。还可以接受遥控操作指令，进行远方操作。

5．人机联系功能

变电站工作人员面对的是主计算机的 CRT（阴极射线管）显示屏，可通过键盘或鼠标观察和了解全站的运行情况、相关参数和相关操作。

6．通信功能

变电站综合自动化系统的通信是指系统内部的现场级间的通信和自动化系统与上级调度的通信。现场级间的通信主要解决系统内部各子系统之间、子系统之间与主机之间的数据通信。

7．微机保护功能

微机保护主要包括线路保护、主电力变压器保护、母线保护、电容器保护等。微机保护是变电站综合自动化系统的关键环节。

8．自诊断功能

变电站综合自动化系统的各单元模块均有自诊断功能，其诊断信息周期性地送往后台控制中心。

7.5.3　变电站综合自动化系统的结构

在供电系统中，由于变电站的设计规模、重要程度、电压等级、值班方式等的不同，所选用的变电站综合自动化系统的硬件结构形式也不尽相同，根据变电站在供电系统中的地位和作用，在对变电站综合自动化系统的结构进行设计时，应遵循可靠和实用原则。

从国内外变电站综合自动化系统的发展过程看，其结构形式主要分为集中式、分层分布式集中组屏和分布分散式三种。

1．集中式

图 7-10 为集中式变电站综合自动化系统的结构。这种结构采用不同档次的计算机扩展其外围接口电路，按信息类型划分功能，集中采集变电站的模拟量、开关量和数字量等信息，并集中进行计算和处理，分别完成监控、微机保护和其他控制功能。

图 7-10　集中式变电站综合自动化系统的结构

2. 分层分布式集中组屏

分层分布式集中组屏的变电站综合自动化系统的结构如图 7-11 所示。所谓分布式结构，是指采用主、从 CPU 协同工作方式，各功能模块（如智能电子设备）之间采用网络技术或串行方式实现数据通信。而整个变电站的一、二次设备可分为变电层、单元层和设备层三层。变电层包括监控主机、工程师机、通信控制机、调制解调器等；单元层包括各测量部件、控制部件和保护部件等；设备层包括主电力变压器、断路器、隔离开关等一次设备。

图 7-11　分层分布式集中组屏的变电站综合自动化系统的结构

3. 分布分散式

分布分散式变电站综合自动化系统的结构如图 7-12 所示。所谓分布分散式结构，是指将变电站内各回路的公用信号单元、微机保护单元及测控单元综合为一个装置，就地安装在数据源现场的开关柜中。

每个回路对应一套装置，装置中的设备相对独立，通过网络电缆连接，并与变电站主控室的监控主机通信。这种结构减少了站内二次设备及信号电缆的数量，各模块与监控主机之间通过网络或总线连接。

采用分布分散式结构，可以提高变电站综合自动化系统的可靠性，降低总投资，因此分布分散式结构是企业供电系统所采用的主要结构形式。三种结构形式的特点如表 7-1 所示，供参考。

图 7-12　分布分散式变电站综合自动化系统的结构

表 7-1　三种结构形式的特点

名　　称	主　要　优　点	主　要　缺　点	适　用　场　合
集中式	能实时采集和处理各种状态量；监控和操作简单；结构紧凑、体积小、造价低；实用性强	每台计算机功能较集中，若出现故障，影响面大；系统在开放性、扩展性和可维护性方面的功能较差；组态不灵活；软件复杂且修改、调试麻烦	适合小型变电站的改造和新建
分层分布式集中组屏	软件简单、便于扩充和维护、组态灵活；保护装置独立；系统可靠性高；多 CPU 工作方式	由于集中组屏，安装时需要的控制电缆相对较多	适用于回路数较少，一次设备比较集中，信号电缆不长，易于设计、安装和维护的中低压变电站
分布分散式	减少了二次设备和电缆数量；安装和调试简单、维护方便；占地面积小；组态灵活、可靠性高；扩展性和灵活性好	很多情况需要规约转换,通用性、开放性受到限制	适用于更新建设的中、大型企业总降压变电站

7.5.4　变电站综合自动化系统实例

一般变电站综合自动化系统设备配置分两个层次，即变电站层和间隔层。变电站层又称站级主站层或站级工作站，由多个工作站组成，负责管理整个变电站综合自动化系统，是变电站综合自动化系统的核心层。间隔层是指设备的继电保护、测控装置层，由若干个间隔单元组成，一条线路或一台电力变压器的保护、测控装置就是一个间隔单元，各单元基本上是相互独立、互不干扰的。

变电站综合自动化系统的布置形式可分为集中式和分散式两种，集中式布置是传统的布置形式，它是把所有二次设备按遥测、遥信、遥控、电力调度、保护功能划分成不同的子系统集中组屏，安装在主控制室内。因此，各被保护设备的保护测量交流回路、控制直流回路都需要用电缆送至主控室，这种结构形式虽有利于观察信号，方便调试，但耗费了大量的二次电缆。分散式布置是以间隔为单元划分的，每一个间隔的测量单元、信号单元、控制单元、保护单元综合在一个或两个（保护与控制分开）单元上，分散安装在对应的开关柜（间隔单元）上，高压和主变部分则集中组屏并安装在控制室内。现在的变电站综合自动化系统通常采用分散式布置。

现以南瑞中德公司研制生产的 NSC2000 系列变电站综合自动化系统为例,简要进行介绍。

1. 硬件配置

NSC2000 系列变电站综合自动化系统的硬件配置如图 7-13 所示。

图 7-13　NSC2000 系列变电站综合自动化系统的硬件配置

（1）后台主机是变电站综合自动化系统的主机，通过它能完成监控系统的各种任务，其监控系统的基本运行平台基于 MS Windows 的多窗口、多任务操作系统（NSC100）或 NT 网络操作系统（NSC100NT），能为用户提供友好的操作界面。基本配置：①奔腾微机一台，内存 32M 以上，主频 300MHz 以上，硬盘 3.2G 以上；②19（21）彩显一台，分辨率 1024 像素×768 像素；③打印机一台。

（2）厂站级测控主单元 NSC2100。测控主单元 NSC2100 是 NSC 测控系统的主要部分，其功能和性能对整个 NSC 的水平起到关键的作用。测控主单元 NSC2100 由进口工控模块、机箱、电源等一整套硬件组成，包括 Pentium II CPU 主处理模块、通信模块、网络模块。主处理模块主要进行信息交换和处理，通信模块除了提供传统的 RS232/422/485 接口外，还具备以太网（EtherNET）和现场总线（CAN）的接口功能。

厂站级测控主单元 NSC2100 的主要功能是管理间隔级 NFM/NLM（馈线测控单元/线路测控单元）输入、输出单元或交流采样子系统遥测（NSC-YC），遥控/遥信子系统（NSC-YK/YX）及微机保护单元（7S/7U），同时还要完成以下任务。

① 与远方调度中心以不同规约交换数据。

② 与当地后台监控系统主机（MMI）交换数据。

③ 同间隔级的遥控、遥测、遥信及保护单元通信。

④ 具有 1ms 的事件分辨率并能同 NLM/NFM 同步时钟。主单元可与 GPS（全球定位系统）统一时钟。

（3）35kV 主变的测控及保护单元。可根据主变的容量选择相应的测控及保护单元，这里给出三个常用单元（配置）。

① 7UT512 保护单元，是电机和电力变压器差动保护单元，具有差动保护、热过负荷保护、后备过电流保护、负荷监视、事件和故障记录等功能。

② 7SJ602 数字式过电流及过负荷保护，具有馈线保护、重合闸（可选）、故障录波、远方通信等多种功能。

③ 6MD63 间隔级测控输入、输出单元，用于测量线路的电流、电压参数，并可向测控主单元传送数据。

（4）6kV、10kV 开关柜。7SJ62 测控保护综合单元是集测量、控制及保护功能于一体的一个物理单元，可测量与计算线路的相电压、线电压、相电流、线电流、有功功率因数和无功功率因数、频率、视在负荷、有功电度和无功电度，具有多种保护功能。

（5）温度、直流、交流等公共部分。主变温度、直流系统电压、所用电力变压器电压、电流等参数经变送器送至公共信号测量及信号单元（NFM-1A），采样输出至测控主单元。

2．软件系统

由于自动化系统的硬件采用独立的模件结构，并且各种模块具有独立的软件程序，例如，各保护单元就是一个具有特定功能的微机系统，能独立完成规定的保护功能，并能与主单元进行通信。因此，硬件和软件采用结构模块化设计，使各子程序互不干扰，提高了系统的可靠性。

后台主机操作系统 NSC100NT 是基于 WindowsNT 平台的操作系统，操作人员通过单击窗口中的功能按钮，即可实现制表打印、故障信息分析、数据查询、开列操作票、断路器及隔离开关操作等分析处理与操作功能。

主单元与各保护单元之间按 IEC 870-5-103 规约进行通信，其程序流程图如图 7-14 所示。

图 7-14　主单元与各保护单元之间通信的程序流程图

后台主机操作系统 NSC100NT 系统向保护设备常发出的命令有初始化，对时，总查询，一、二类数据查询（一般查询），开关控制等。总查询是初始化后对站内所有设备控制信息的查询，一般查询是系统运行时的实时查询。一般查询时，操作系统要对各间隔级测控、保护单元进行逐一询问，被查询到的单元将所测信息发送给主单元，主单元接收这些信息并做出相应的处理，然后对下一个单元进行查询。一类数据是指开关变位记录、故障记录等，其他为二类数据。当主单元查询到有一类数据时，则转入一类数据查询子程序，处理完后再查询下一个间隔单元。系统在运行过程中要经常对时，以保证整个系统（或计算机网络）时间的统一，当对时时间到时，执行对时程序。

本章小结

1．概述

供电系统或变配电所的二次回路是指用来控制、指示、监测和保护一次电路运行的电路。二次回路的操作电源分为直流操作电源和交流操作电源两大类。高压断路器的控制回路是控制高压断路器分、合闸的回路，信号回路是用来指示一次系统设备运行状态的二次回路。供电系统的自动装置包括自动重合闸装置和备用电源自动投入装置。

2．操作电源

二次回路的操作电源，是供高压断路器分、合闸回路和继电保护装置、信号回路、监测系统及其他二次回路所需的电源。

3．高压断路器的控制回路和信号回路

供电系统中常见的高压断路器控制回路和信号回路的操作方式包括手动操作、电磁操作和弹簧操作几种。

4．自动装置

运行经验表明，电力系统中的不少故障，特别是架空线路上的短路故障，大多是暂时性的，如果采用自动重合闸装置（ARD），使高压断路器在自动跳闸后又自动重合闸，大多能恢复供电，提高了供电可靠性。企业供电系统中一般采用一次 ARD。

在要求供电可靠性较高的企业变配电所中，在作为备用电源的线路上装设备用电源自动投入装置（APD），则在工作电源线路突然停电时，利用失压保护装置使该线路的高压断路器跳闸，并在 APD 作用下，使备用电源线路的高压断路器迅速合闸，投入备用电源，恢复供电，可提高供电可靠性。

5．变电站综合自动化系统

变电站综合自动化系统主要由硬件系统和软件系统两部分构成。变电站综合自动化系统实际上是利用计算机技术、通信技术等，对变电站的二次设备（包括继电保护装置、控制装置、测量装置、信号装置、故障录波装置、自动装置和远动装置等）的功能进行重新组合和优化设计，对变电站全部设备的运行情况执行监视、测量、控制和协调的一种综合性的自动化系统。

复习思考题

7-1　什么叫操作电源？操作电源有几类？

7-2　变配电所信号回路包括哪些？各起什么作用？

7-3 对高压断路器的控制回路和信号回路有哪些基本要求？什么是高压断路器事故跳闸信号回路构成的"不对应原理"？

7-4 高压断路器的操作方式有哪几种？各有什么特点？

7-5 什么叫自动重合闸装置（ARD）？有哪些要求？

7-6 备用电源自动投入装置（APD）应用的场所有哪些？对 APD 的要求有哪些？

习题

7-1 什么是变电站综合自动化系统？

7-2 变电站综合自动化系统有哪些基本功能？

7-3 简述变电站综合自动化系统的结构形式及各自的特点。

参考文献

[1] 刘介才. 工厂供电[M]. 6版. 北京：机械工业出版社，2016.

[2] 王玉华，赵志英. 工厂供配电[M]. 北京：北京大学出版社，2006.

[3] 姚锡禄. 工厂供电[M]. 3版. 北京：电子工业出版社，2014.

[4] 刘介才. 工厂供电设计指导[M]. 2版. 北京：电子工业出版社，2008.

[5] 郭媛，宋起超. 工厂供电[M]. 哈尔滨：哈尔滨工业大学出版社，2012.

[6] 申明勇. 浅谈工厂供电配电的经济性和技术性分析[J]. 动力与电气工程，2011.

[7] 任元会. 工业与民用配电设计手册[M]. 3版. 北京：中国电力出版社，2017.

[8] 刘学军. 工厂供电[M]. 2版. 北京：中国电力出版社，2016.

[9] 常文平. 工厂供电技术[M]. 2版. 北京：中国电力出版社，2016.

附录 A

附录表 1 用电设备组的需要系数、二项式系数及功率因数参考值

用电设备组名称	需要系数 K_d	二次项系数		最大容量设备台数	$\cos\varphi$	$\tan\varphi$
		b	c			
小批量生产的金属冷加工机床电动机	0.16~0.2	0.14	0.4	5	0.5	1.73
大批量生产的金属冷加工机床电动机	0.18~0.25	0.14	0.5	5	0.5	1.73
小批量生产的金属热加工机床电动机	0.25~0.3	0.24	0.4	5	0.6	1.33
大批量生产的金属热加工机床电动机	0.3~0.35	0.26	0.5	5	0.65	0.17
通风机、水泵、空压机及电动发电机组电动机	0.7~0.8	0.65	0.25	5	0.8	0.75
非连锁的连续运输机械及铸造车间整砂机械	0.5~0.6	0.4	0.4	5	0.75	0.88
连锁的连续运输机械及铸造车间整砂机械	0.65~0.7	0.6	0.2	5	0.75	0.88
锅炉房和机加工、机修、装配等类车间的吊车	0.1~0.15	0.06	0.4	3	0.5	1.73
铸造车间的吊车（$\varepsilon=25\%$）	0.15~0.25	0.09	0.3	3	0.5	1.73
自动连续装料的电阻炉设备	0.75~0.8	0.7	0.3	2	0.95	0.33
实验室用的小型电热设备（电阻炉、电热干燥箱等）	0.7	0.7	0	—	1.0	0
工频感应电炉（未带无功补偿设备）	0.8	—	—	—	0.35	2.68
高频感应电炉（未带无功补偿设备）	0.8	—	—	—	0.6	1.33
电弧熔炉	0.9	—	—	—	0.87	0.57
电焊机、缝纫机	0.35	—	—	—	0.6	1.33
对焊机、铆钉加热机	0.35	—	—	—	0.7	1.02
自动弧焊变压器	0.5	—	—	—	0.4	2.29
单头手动弧焊变压器	0.35	—	—	—	0.35	2.68
多头手动弧焊变压器	0.4	—	—	—	0.35	2.68
单头弧焊电动发电机组	0.35	—	—	—	0.6	1.33
多头弧焊电动发电机组	0.7	—	—	—	0.8	0.88
生产厂房及办公室、阅览室、实验室照明	0.8~1	—	—	—	1.0	0
变配电所、仓库照明	0.5~0.7	—	—	—	1.0	0
宿舍（生活区）照明	0.6~0.8	—	—	—	1.0	0
室外照明、应急照明	1	—	—	—	1.0	0

附录表 2 部分工厂的需要系数、功率因数及年最大有功负荷利用小时参数值

工 厂 类 别	需要系数 K_d	功率因数 $\cos\varphi$	年最大有功负荷利用小时 T_{max}/h
汽轮机制造厂	0.38	0.88	5000
锅炉制造厂	0.27	0.73	4500
柴油机制造厂	0.32	0.74	4500
重型机械制造厂	0.35	0,79	3700
重型机床制造厂	0.32	0.71	3700

续表

工 厂 类 别	需要系数 K_d	功率因数 $\cos\varphi$	年最大有功负荷利用小时 T_{max}/h
机床制造厂	0.2	0.65	3200
石油机械制造厂	0.45	0.78	3500
量具刃具制造厂	0.26	0.60	3800
工具制造厂	0.34	0.65	3800
电机制造厂	0.33	0.65	3000
电器开关制造厂	0.35	0.75	3400
电线电缆制造厂	0.35	0.73	3500
仪器仪表制造厂	0.37	0.81	3500
滚珠轴承制造厂	0.28	0.70	5800

附录表 3 并联电容器的无功补偿率

补偿前的功率因数	补偿后的功率因数				补偿前的功率因数	补偿后的功率因数			
	0.85	0.90	0.95	1.00		0.85	0.90	0.95	1.00
0.60	0.713	0.849	1.004	1.322	0.76	0.235	0.371	0.526	0.85
0.62	0.646	0.782	0.937	1.266	0.78	0.182	0.318	0.473	0.80
0.64	0.581	0.717	0.872	1.205	0.80	0.130	0.266	0.421	0.75
0.66	0.518	0.654	0.809	1.138	0.82	0.078	0.214	0.369	0.69
0.68	0.458	0.594	0.749	1.078	0.84	0.026	0.162	0.317	0.64
0.70	0.400	0.536	0.691	1.020	0.86	—	0.109	0.264	0.59
0.72	0.344	0.480	0.635	0.964	0.88	—	0.056	0.211	0.54
0.74	0.289	0.425	0.580	0.909	0.90	—	0.000	0.155	0.48

附录表 4 BW 型并联电容器的技术数据

型 号	额定容量/k var	额定电容/μF	型 号	额定容量/k var	额定电容/μF
BW0.4-12-1	12	240	BWF6.3-30-1W	30	2.4
BW0.4-12-3	12	240	BWF6.3-40-1W	40	3.2
BW0.4-13-1	13	259	BWF6.3-50-1W	50	4.0
BW0.4-13-3	13	259	BWF6.3-100-1W	100	8.0
BW0.4-14-1	14	280	BWF6.3-120-1W	120	9.63
BW0.4-14-3	14	280	BWF10.5-22-1W	22	0.64
BW6.3-12-1TH	12	0.96	BWF10.5-25-1W	25	0.72
BW6.3-12-1W	12	0.96	BWF10.5-30-1W	30	0.87
BW6.3-16-1W	16	1.28	BWF10.5-40-1W	40	1.15
BW10.5-12-1W	12	0.35	BWF10.5-50-1W	50	1.44
BW10.5-16-1W	16	0.46	BWF10.5-100-1W	100	2.89
BWF6.2-22-1W	22	1.76	BWF10.5-120-1W	120	3.47
BWF6.3-25-1W	25	2.0			

注：1. 额定频率均为50Hz；

2. 并联电容器全型号表示和含义。

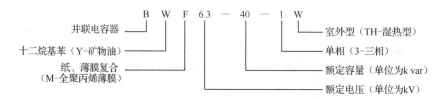

BWF 6.3 — 40 — 1 W

并联电容器
十二烷基苯（Y-矿物油）
纸、薄膜复合（M-全聚丙烯薄膜）

室外型（TH-湿热型）
单相（3-三相）
额定容量（单位为 k var）
额定电压（单位为 kV）

附录表5　三相线路导线和电缆单位长度每相阻抗值

类　别		导线（线芯）截面积/mm²													
		2.5	4	6	10	16	25	35	50	70	95	120	150	185	240
导线类型	导线温度/℃	每相阻抗值/（Ω·km⁻¹）													
LJ	50	—	—	—	2.07	1.33	0.96	0.66	0.48	0.36	0.28	0.23	0.18	0.14	
LGJ	50	—	—	—	—	—	0.89	0.68	0.48	0.35	0.29	0.24	0.18	0.15	
绝缘导线 铜芯	50	8.40	5.20	3.48	2.05	1.26	0.81	0.58	0.40	0.29	0.22	0.17	0.14	0.11	0.09
	60	8.70	5.38	3.61	2.12	1.30	0.84	0.60	0.41	0.30	0.23	0.18	0.14	0.11	0.09
	65	8.72	5.43	3.62	2.19	1.37	0.88	0.63	0.44	0.32	0.24	0.19	0.15	0.13	0.10
绝缘导线 铝芯	50	13.3	8.25	5.53	3.33	2.08	1.31	0.94	0.65	0.47	0.35	0.28	0.22	0.14	0.14
	60	13.8	8.55	3.73	3.45	2.16	1.36	0.97	0.67	0.49	0.36	0.29	0.23	0.19	0.14
	65	14.6	9.15	6.10	3.66	2.29	1.48	1.06	0.75	0.53	0.39	0.31	0.25	0.20	0.15
电力电缆 铜芯	55	—	—	—	—	1.31	0.84	0.60	0.42	0.30	0.22	0.17	0.14	0.12	0.09
	60	8.54	5.34	3.56	2.13	1.33	0.85	0.61	0.43	0.31	0.23	0.18	0.14	0.12	0.09
	75	8.98	5.61	3.75	3.25	1.40	0.90	0.64	0.45	0.32	0.24	0.19	0.15	0.12	0.10
	80	—	—	—	—	1.43	0.91	0.65	0.46	0.33	0.24	0.19	0.15	0.13	0.10
电力电缆 铝芯	55	—	—	—	—	2.21	1.41	1.01	0.71	0.51	0.37	0.29	0.24	0.20	0.15
	60	14.38	8.99	6.00	3.60	2.25	1.44	1.03	0.72	0.52	0.38	0.30	0.24	0.20	0.16
	75	15.14	9.45	6.31	3.78	2.36	1.51	1.08	0.76	0.54	0.40	0.31	0.25	0.21	0.16
	80	—	—	—	—	2.40	1.54	1.10	0.77	0.56	0.41	0.32	0.26	0.21	0.17

附录表6　电流互感器一次线圈阻抗值　　　　　　　　（单位：mΩ）

型　号	类　型	5/5	7.5/5	10/5	15/5	20/5	30/5	40/5	50/5	75/5
LQG-0.5	电阻	600	266	150	66.7	37.5	16.6	9.4	6	2.66
	电抗	4300	2130	1200	532	300	133	75	48	21.3
LQC-1	电阻	—	300	170	75	42	20	11	7	3
	电抗	—	480	270	120	67	30	17	11	4.8
LQC-3	电阻	—	130	75	33	19	8.2	4.8	3	1.3
	电抗	—	120	70	30	17	8	4.2	2.8	1.2

型　号	类　型	100/5	150/5	200/5	300/5	400/5	500/5	600/5	750/5
LQG-0.5	电阻	1.5	0.667	0.575	0.166	0.125	—	0.04	0.04
	电抗	12	5.32	3	1.33	1.03	—	0.3	0.3
LQC-1	电阻	1.7	0.75	0.42	0.2	0.11	0.05	—	—
	电抗	2.7	1.2	0.67	0.3	0.17	0.07	—	—
LQC-3	电阻	0.75	0.33	0.19	0.08	0.05	0.02	—	—
	电抗	0.7	0.3	0.17	0.08	0.04	0.02	—	—

附录表7　低压断路器过电流脱扣线圈阻抗值

线圈额定电流/A	电阻（65℃）/mΩ	电抗/mΩ	线圈额定电流/A	电阻（65℃）/mΩ	电抗/mΩ
50	5.5	2.70	200	0.36	0.28
70	2.35	1.30	400	0.15	0.12
100	1.30	0.86	600	0.10	0.094
140	0.74	0.55			

附录表8　低压开关触头接触电阻近似值　　　　　　　　（单位为：mΩ）

额定电流/A	低压断路器	刀开关	隔离开关	额定电流/A	低压断路器	刀开关	隔离开关
50	1.3	—	—	400	0.4	0.2	0.2
70	1.0	—	—	600	0.25	0.15	0.15
100	0.75	0.5	—	1000	—	0.08	0.08
140	0.65	—	—	2000	—	—	0.03
200	0.6	0.4	—	3000	—	—	0.02

附录表9　10kV级S9和SC9系列电力变压器的主要技术数据

1. 10kV级S9系列油浸式铜线电力变压器的主要技术数据

型　号	额定容量	额定电压/kV		联结组标号	损耗/W		空载电流/%	阻抗电压/%
	kVA	一次	二次		空载	负载		
S9-30/10(6)	30	11,10.5,10,6.3,6	0.4	Yyn0	130	600	2.1	4
S9-50/10(6)	50	11,10.5,10,6.3,6	0.4	Yyn0	170	870	2.0	4
				Dyn11	175	870	4.5	4
S9-63/10(6)	63	11,10.5,10,6.3,6	0.4	Yyn0	200	1040	1.9	4
				Dyn11	210	1030	4.5	4
S9-80/10(6)	80	11,10.5,10,6.3,6	0.4	Yyn0	240	1250	1.8	4
				Dyn11	250	1240	4.5	4
S9-100/10(6)	100	11,10.5,10,6.3,6	0.4	Yyn0	290	1500	1.6	4
				Dyn11	300	1470	4.0	4
S9-125/10(6)	125	11,10.5,10,6.3,6	0.4	Yyn0	340	1800	1.5	4
				Dyn11	360	1720	4.0	4
S9-160/10(6)	160	11,10.5,10,6.3,6	0.4	Yyn0	400	2200	1.4	4
				Dyn11	430	2100	3.5	4
S9-200/10(6)	200	11,10.5,10,6.3,6	0.4	Yyn0	480	2600	1.3	4
				Dyn11	500	2500	3.5	4
S9-250/10(6)	250	11,10.5,10,6.3,6	0.4	Yyn0	560	3050	1.2	4
				Dyn11	600	2900	3.0	4
S9-315/10(6)	315	11,10.5,10,6.3,6	0.4	Yyn0	670	3650	1.1	4
				Dyn11	720	3450	3.0	4
S9-400/10(6)	400	11,10.5,10,6.3,6	0.4	Yyn0	800	4300	1.0	4
				Dyn11	870	4200	3.0	4
S9-500/10(6)	500	11,10.5,10,6.3,6	0.4	Yyn0	9600	5100	1.0	4
				Dyn11	1030	4950	3.0	4
		11,10.5,10	6.3	Yd11	1030	4950	1.5	4.5

续表

型 号	额定容量	额定电压/kV		联结组标号	损耗/W		空载电流/%	阻抗电压/%
	kVA	一次	二次		空载	负载		
S9-630/10(6)	630	11,10.5,10,6.3,6	0.4	Yyn0	1200	6200	0.9	4.5
				Dyn11	1300	5800	3.0	5
		11,10.5,10	6.3	Yd11	1200	6200	1.5	4.5
S9-800/10(6)	800	11,10.5,10,6.3,6	0.4	Yyn0	1400	7500	0.8	4.5
				Dyn11	1400	7500	2.5	5
		11,10.5,10	6.3	Yd11	1400	7500	1.4	5.5
S9-1000/10(6)	1000	11,10.5,10,6.3,6	0.4	Yyn0	1700	10300	0.7	4.5
				Dyn11	1700	9200	1.7	5
		11,10.5,10	6.3	Yd11	1700	9200	1.4	5.5
S9-1250/10(6)	1250	11,10.5,10,6.3,6	0.4	Yyn0	1950	12000	0.6	4.5
				Dyn11	2000	11000	2.5	5
		11,10.5,10	6.3	Yd11	1950	12000	1.3	5.5
S9-1600/10(6)	1600	11,10.5,10,6.3,6	0.4	Yyn0	2400	14500	0.6	4.5
				Dyn11	2400	14000	2.5	6
		11,10.5,10	6.3	Yd11	2400	14500	1.3	5.5
S9-2000/10(6)	2000	11,10.5,10,6.3,6	0.4	Yyn0	3000	18000	0.8	6
				Dyn11	3000	18000	0.8	6
		11,10.5,10	6.3	Yd11	3000	18000	1.2	6
S9-2500/10(6)	2500	11,10.5,10,6.3,6	0.4	Yyn0	1950	12000	0.8	6
				Dyn11	2000	11000	0.8	6
		11,10.5,10	6.3	Yd11	1950	12000	1.2	5.5

2．10kV 级 SC9 系列树脂浇注干式铜线电力变压器的主要技术数据

型 号	额定容量	额定电压/kV		联结组标号	损耗/W		空载电流/%	阻抗电压/%
	kVA	一次	二次		空载	负载		
S9-200/10	200				480	2670	1.2	4
S9-250/10	250				550	2910	1.2	4
S9-315/10	315				650	3200	1.2	4
S9-400/10	400				750	3690	1.0	4
S9-500/10	500				900	4500	1.0	4
S9-630/10	630	10	0.4	Yyn0 Dyn11	1100	5420	0.9	4
S9-630/10	630				1050	5500	0.9	6
S9-800/10	800				1200	6430	0.9	6
S9-1000/10	1000				1400	7510	0.8	6
S9-1250/10	1250				1650	8960	0.8	6
S9-1600/10	1600				1980	10850	0.7	6
S9-2000/10	2000				2380	13360	0.6	6
S9-2500/10	2500				2850	15880	0.6	6

附录表10　部分并联电容器的主要技术数据

型　号	额定容量/k var	额定电容/μF	型　号	额定容量/k var	额定电容/μF
BCMJ0.4-4-3	4	80	BGMJ0.4-3.3-3	3.3	66
BCMJ0.4-5-3	5	100	BGMJ0.4-5-3	5	99
BCMJ0.4-8-3	8	160	BGMJ0.4-10-3	10	198
BCMJ0.4-10-3	10	200	BGMJ0.4-12-3	12	230
BCMJ0.4-15-3	15	300	BGMJ0.4-15-3	15	298
BCMJ0.4-20-3	20	400	BGMJ0.4-20-3	20	398
BCMJ0.4-25-3	25	500	BGMJ0.4-25-3	25	498
BCMJ0.4-30-3	30	600	BGMJ0.4-30-3	30	598
BCMJ0.4-40-3	40	800	BWF0.4-14-1/3	14	279
BCMJ0.4-50-3	50	1000	BWF0.4-16-1/3	16	318
BKMJ0.4-6-1/3	6	120	BWF0.4-20-1/3	20	398
BKMJ0.4-7.5-1/3	7.5	150	BWF0.4-25-1/3	25	498
BKMJ0.4-9-1/3	9	180	BWF0.4-75-1/3	75	1500
BKMJ0.4-12-1/3	12	240	BWF10.5-16-1	16	0.462
BKMJ0.4-15-1/3	15	300	BWF10.5-25-1	25	0.722
BKMJ0.4-20-1/3	20	400	BWF10.5-30-1	30	0.866
BKMJ0.4-25-1/3	25	500	BWF10.5-40-1	40	1.155
BKMJ0.4-30-1/3	30	600	BWF10.5-50-1	50	1.44
BKMJ0.4-40-1/3	40	800	BWF10.5-100-1	100	2.89
BGMJ0.4-2.5-3	2.5	55			

注：1. 额定频率为50HZ。

2. 型号末的"1/3"表示有单相和三相两种。

附录表11　导体在正常负荷时和短路时的最高允许温度及热稳定系数

导体总类及材料			最高允许温度/°C		热稳定系数 C /A·$\sqrt{s}$·m^{-2}
			正常 Q_L	正常 Q_K	
母线	铜		70	300	171
	铜（接触面有锡层时）		85	200	164
	铝		70	200	87
油浸纸绝缘电缆	铜芯	1~3kV	80	250	148
		6kV	65	220	145
		10kV	60	220	148
	铝芯	1~3kV	80	200	84
		6kV	65	200	90
		10kV	60	200	92
橡皮绝缘导线和电缆	铜芯		65	150	112
	铝芯		65	150	74

续表

导体总类及材料		最高允许温度/℃		热稳定系数 C
		正常 Q_L	正常 Q_K	$/A \cdot \sqrt{s} \cdot m^{-2}$
聚氯乙烯绝缘导线和电缆	铜芯	65	130	100
	铝芯	65	130	65
交联聚乙烯绝缘电缆	铜芯	80	250	140
	铝芯	80	250	84
有中间接头的电缆 （不包含聚氯乙烯绝缘电缆）	铜芯	—	150	—
	铝芯	—	150	—

附录表 12　常用高压断路器参数

类别	型号	额定电压/kV	额定电流/A	开断电流/A	断流容量/MVA	动稳定电流峰值/kV	热稳定电流/kA	固有分闸时间≤/s	合闸时间≤/s	配用操动机构型号
少油户外	SW2-35/1000	35(40.5)	1000	16.5	1000	45	16.5(4s)	0.06	0.4	CT2-XG
	SW2-35/1500		1500	24.8	1500	63.4	24.8(4s)			
少油户内	SN10-35Ⅰ	35(40.5)	1000	16	1000	45	16(4s)	0.06	0.2	CT10、CT10Ⅳ
	SN10-35Ⅱ		1250	20	1250	50	20(4s)		0.25	
	SN10-10Ⅰ	10(12)	630	16	300	40	16(4s)	0.06	0.15	CT7、8CD10Ⅰ
			1000	16	300	40	16(4s)		0.2	
	SN10-10Ⅱ		1000	31.5	500	80	31.5(4s)	0.06	0.2	CD10Ⅰ、CD10Ⅱ
	SN10-10Ⅲ		1250	40	750	125	40(2s)	0.07	0.2	CD10Ⅲ
			2000	40	750	125	40(4s)			
			3000	40	750	125	40(4s)			
真空户外	ZN12-35	35(40.5)	1250	31.5		63	31.5(4s)	0.06	0.075	CT12
			1600							
			2000							
	ZN12-40.5		1250	25		63	25(4s)			
			1600							
			1600	31.5		80	31.5(4s)			
			2000							
	ZN3-10Ⅰ		630	8		20	8(4s)	0.07	0.15	CD10 等
	ZN3-10Ⅱ		1000	20		50	20(2s)	0.05	0.1	
	ZN4-10/1000		1000	17.3		44	17.3(4s)	0.05	0.2	CD10 等
	ZN4-10/1250		1250	20		50	20(4s)			
	ZN5-10/630		630	20		50	20(2s)	0.05	0.1	专用 CD 型
	ZN5-10/1000		1000	20		50	20(2s)			
	ZN12-12/1250		1250	25		63	25(4s)			
	ZN12-12/1250-25 2000		1250	25		63	25(4s)			
			2000							
	ZN12-12/1250～ 3150-31.5 40		1250	31.5 40		80, 100	31.5(4s) 40(4s)	0.06	0.1	CT8 等
			2000							
			2500							
			3150							
	ZN24-12/1250-20		1250	20		50	20(4s)	0.06	0.1	CT8 等

续表

类别	型号	额定电压/kV	额定电流/A	开断电流/A	断流容量/MVA	动稳定电流峰值/kV	热稳定电流/kA	固有分闸时间≤/s	合闸时间≤/s	配用操动机构型号
真空户外	ZN24-12/1250-31.5 2000		1250	31.5		80	31.5(4s)	0.06	0.1	CT8 等
			2000							
	ZN28-12/630～ 1600-20		630	20		50	20(4s)			
			1000							
			1250							
			1600							

附录表13 部分万能式低压断路器的主要技术数据

型 号	脱扣器额定电流/A	长延时动作整定电流/A	短延时动作整定电流/A	瞬时动作额定电流/A	单相接地短路动作电流/A	分析能力 电流/kA	分析能力 cosφ
DW15-200	100	64～100	300～1000	300～1000 800～2000	—	20	0.35
	150	98～150	—	—			
	200	128～200	600～2000	600～2000 1600～4000			
DW15-400	200	128～200	600～2000	600～2000 1600～4000	—	25	0.35
	300	192～300	—	—			
	400	256～400	1200～4000	3200～8000			
DW15-600 (630)	300	192～300	900～3000	900～3000 1400～6000	—	30	0.35
	400	256～400	1200～4000	1200～4000 3200～8000			
	600	385～600	1800～6000	—			
DW15-1000	600	420～600	1800～6000	6000～12000	—	40 (短延时30)	0.35
	800	560～800	2400～8000	8000～16000			
	1000	700～1000	3000～10000	10000～20000			
DW15-1500	1500	1050～1500	4500～15000	15000～30000	—		
DW15-2500	1500	1050～1500	4500～9000	10500～21000	—	60 (短延时40)	0.2 (短延时0.25)
	2000	1400～2000	6000～12000	14000～28000			
	2500	1750～2500	7500～15000	17500～35000			
DW15-4000	2500	1750～2500	7500～15000	17500～35000	—	80 (短延时60)	0.2
	3000	2100～3000	9000～18000	21000～42000			
	4000	2800～4000	12000～24000	28000～56000			
DW16-630	100	64～100	—	300～600	50	30 (380V)	0.25 (380V)
	160	102～160		480～960	80		
	200	128～200		600～1200	100		
	250	160～250		750～1500	125		
	315	202～315		945～1890	158	20 (660V)	0.3 (660V)
	400	246～400		1200～2400	200		
	630	403～630		1890～3780	315		

续表

型　号	脱扣器额定电流/A	长延时动作整定电流/A	短延时动作整定电流/A	瞬时动作额定电流/A	单相接地短路动作电流/A	分析能力	
						电流/kA	cosφ
DW16-2000	800	512～800	—	2400～4800	400	50	—
	1000	640～1000		3000～6000	500		
	1600	1024～1600		4800～9600	800		
	2000	1280～2000		6000～12000	1000		

附录表 14　RM10 型低压熔断器的主要技术数据和保护特性曲线

1. 主要技术数据

型　号	熔管额定电压/V	额定电流/A		最大分断能力	
		熔管	熔体	电流/kA	cosφ
RM10-15	交流 （220,380,500） 直流 （220,440）	15	6.10,15	1.2	0.8
RM10-60		60	15,20,25,35,45,60	3.5	0.7
RM10-100		100	60,80,100	10	0.35
RM10-200		200	100,125,160,200	10	0.35
RM10-350		350	200,225,260,300,350	10	0.35
RM10-600		600	350,430,500,600	10	0.35

2. 保护特性曲线

附录表 15　RT0 型低压熔断器的主要技术数据和保护特性曲线

1. 主要技术数据

型　号	熔管额定电压/V	额定电流/A		最大分断电流/kA
		熔管	熔体	
RT0-100	交流（380）直流（440）	100	30,40,50,60,80,100	50（cosφ=0.1～0.2）
RT0-200		200	(80,100),120,150,200	
RT0-400		400	(150,200),250,300,350,400	
RT0-600		600	(350,400),450,500,550,600	
RT0-1000		1000	700,800,900,1000	

2. 保护特性曲线

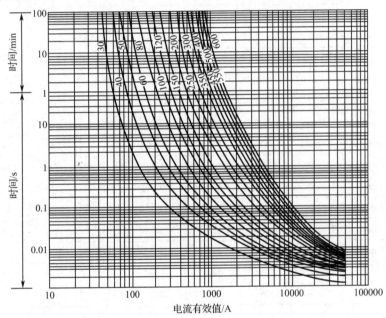

附录表 16　LJ 型铝绞线和 LGJ 型钢芯铝绞线的允许载流量　　　　（单位：A）

导线截面/mm²	LJ 型铝绞线				LGJ 型钢芯铝绞线			
	25℃	30℃	35℃	40℃	25℃	30℃	35℃	40℃
10	75	70	66	61	—	—	—	—
16	105	99	92	85	105	98	92	85
25	135	127	119	109	135	127	119	109
35	170	160	150	138	170	159	149	137
50	215	202	189	174	220	207	193	178
70	265	249	233	215	275	259	228	222
95	325	305	286	247	335	315	295	272
120	375	352	330	304	380	357	335	307
150	440	414	387	356	445	418	391	360
185	500	470	440	405	515	484	453	416

续表

导线截面 /mm²	LJ 型铝绞线				LGJ 型钢芯铝绞线			
	25℃	30℃	35℃	40℃	25℃	30℃	35℃	40℃
240	610	574	536	494	610	574	536	494
300	680	640	597	550	700	658	615	566

注：1. 导线正常工作温度按 70℃ 计。

2. 本表载流量按室外架设考虑，无日照，海拔高度为 1000m 及以下。

附录表 17　LMY 型矩形硬铝母线的允许载流量　　　（单位：A）

每相母线条数		单　条		双　条		三　条		四　条	
母线放置方式		平放	竖放	平放	竖放	平放	竖放	平放	竖放
母线尺寸 宽×厚 /（mm×mm）	40×4	480	503	—	—	—	—	—	—
	40×5	542	562	—	—	—	—	—	—
	50×4	586	613	—	—	—	—	—	—
	50×5	661	692	—	—	—	—	—	—
	3×6.3	910	952	1409	1547	1866	2111	—	—
	63×8	1038	1085	1623	1777	2113	2379	—	—
	63×10	1168	1221	1825	1994	2381	2665	—	—
	80×6.3	1128	1178	1724	1892	2211	2505	2558	3411
	80×8	1274	1330	1946	2131	2491	2809	2861	3817
	80×10	1427	1490	2175	2373	2774	3114	3167	4222
	100×6.3	1371	1430	2054	2253	2633	2985	3032	4043
	100×8	1542	1609	2298	2516	2933	3311	3359	4479
	100×10	1728	1803	2558	2796	3181	3578	3622	4829
	25×6.3	1674	1744	2446	2680	2079	3490	3525	4700
	125×8	1876	1955	2725	2982	3375	3813	3847	5129
	125×10	2089	2177	3005	3282	3725	4194	4225	5633

注：本表载流量按导体最高允许温度 70℃、环境温度 25℃、无风、无日照条件下计算而得。

附录表 18　架空裸导线的最小截面

线　路　类　别		最小截面/mm²		
		铝及铝合金线	钢芯铝线	铜绞线
35kV 以上线路		35	35	35
3～10kV 线路	居民区	35[①]	25	25
	非居民区	25	16	16
低压线路	一般	16[②]	16	16
	与铁路交叉跨越档	35	16	16

　① DL/T 599—2016《中低压配电网改造技术导则》规定，中压架空线路宜采用铝绞线，主干线截面应为 150～240mm²，分支线截面不宜小于 70mm²。但此规定不是从满足机械强度要求考虑的，而是从城市电网发展的需要考虑的。

　② 低压架空铝绞线原规定最小截面为 16mm²。而 DL/T 599—1996 规定：低压架空线宜采用铝芯绝缘线，主干线截面积宜采用 150mm²，次干线截面宜采用 120mm²，分支线截面宜采用 50mm²。这些规定是从安全运行和电网发展需要考虑的。

附录表 19　绝缘导线芯线的最小截面

线 路 类 别			芯线最小截面/mm²		
			铜芯软线	铜芯线	铝芯线
照明用灯头引下线	室内		0.5	1.0	2.5
	室外		1.0	1.0	2.5
移动式设备线路	生活用		0.75	—	—
	生产用		1.0	—	—
敷设在绝缘支持件上的绝缘导线（L 为支持点间距）	室内	L≤2m	—	1.0	2.5
	室外	L≤2m	—	1.5	2.5
		2m<L≤6m	—	2.5	4
		6m<L≤15m	—	4	6
		15m<L≤25m	—	6	10
穿管敷设的绝缘导线			1.0	1.0	2.5
沿墙敷设的塑料护套线			—	1.0	2.5
板孔穿线敷设的绝缘导线			—	1.0	2.5
PE 线和 PEN 线	有机械保护时		—	1.5	2.5
	无机械保护时	多芯线	—	2.5	4
		单芯干线	—	10	6

注：GB 50096—2011《住宅设计规范》规定：住宅导线应采用铜芯绝缘线，住宅分支回路导线截面不应小于 2.5mm²。

附录表 20　GL-11、GL-21、GL-15、GL-25 型感应式电流继电器的主要技术数据

型　号	额定电流 /A	额定值		速断电流 倍数	返回 系数
		动作电流/A	10 倍动作电流的动作时间/s		
GL-11/10,GL-21/10	10	4,5,6,7,8,9,10	0.5,1,2,3,4	2~8	0.85
GL-11/5,GL-21/5	5	2,2.5,3,3.5,4,4.5,5			
GL-15/10,GL-25/10	10	4,5,6,7,8,9,10	0.5,1,2,3,4		0.8
GL-25/5,GL-25/5	5	2,2.5,3,3.5,4,4.5,5			

附录表 21　10kV 常用三芯电缆的允许载流量

项　目		电缆允许载流量/A						
绝缘类型		黏性油浸纸		不滴流绝缘纸		交联聚乙烯		
钢铠护套						无		有
缆芯最高工作温度		60℃		65℃		90℃		
敷设方式		空气中	直埋	空气中	直埋	空气中	直埋	空气中	直埋
缆芯截面 /mm²	16	42	55	47	59	—	—	—	—
	25	56	75	63	79	100	90	100	90
	35	68	90	77	95	123	110	123	105
	50	81	107	92	111	146	125	141	120

续表

项　　目	电缆允许载流量/A							
绝缘类型	黏性油浸纸		不滴流绝缘纸		交联聚乙烯			
钢铠护套					无		有	
缆芯最高工作温度	60℃		65℃		90℃			
敷设方式	空气中	直埋	空气中	直埋	空气中	直埋	空气中	直埋
缆芯截面 /mm² ← 70	106	133	118	138	178	152	173	152
95	126	160	143	169	219	182	214	182
120	146	182	168	196	251	205	246	205
150	171	206	189	220	283	223	278	219
185	195	233	218	246	324	252	320	247
240	232	272	261	290	378	292	373	292
300	260	308	295	325	433	332	428	328
400	—	—	—	—	506	378	501	374
500	—	—	—	—	579	428	574	424
环境温度	40℃	25℃	40℃	25℃	40℃	25℃	40℃	25℃
土壤热阻系数/ （℃·m·W⁻¹）	—	1.2	—	1.2	—	2.0	—	2.0

附录表 22　裸铜绞线、裸铝绞线及裸钢芯铝绞线的载流量（环境温度+25℃，最高允许温度+70℃）

铜绞线			铝绞线			钢芯铝绞线	
导线牌号	载流量/A		导线牌号	载流量/A		导线牌号	屋外载流量 /A
	屋外	屋内		屋外	屋内		
TJ-4	50	25	LJ-10	75	55	LGJ-35	170
TJ-6	70	35	LJ-16	105	80	LGJ-50	220
TJ-10	95	60	LJ-25	135	110	LGJ-70	275
TI-16	130	100	LJ-35	170	135	LGJ-95	335
TJ-25	180	140	LJ-50	215	170	LGJ-120	380
TI-35	220	175	LJ-70	265	215	LGJ-150	445
TJ-50	270	220	LJ-95	325	260	LGJ-185	515
TJ-60	315	250	LJ-120	375	310	LGJ-240	610
TI-70	340	280	LJ-150	440	370	LGJ-300	700
TJ-95	415	340	LJ-185	500	425	LGJ-400	800
TJ-120	485	405	LJ-240	610	—	LGJQ-300	690
TJ-150	570	480	LJ-300	680	—	LGJQ-400	825
TJ-185	645	550	LJ-400	830	—	LGJQ-500	945
TJ-240	770	650	LJ-500	980	—	LGJQ-600	1050
TJ-300	890	—	LJ-625	1140	—	LGJJ-300	705
TJ-400	1085	—	—	—	—	LGJJ-400	850

附录表 23　绝缘导线明敷、穿钢管和穿硬塑料管时的允许载流量

1. BLX 和 BLV 型铝芯绝缘导线明敷时的允许载流量（导线正常最高允许温度为 65℃）（单位：A）

芯线截面/mm²	BLX 型铝芯橡皮线				BLV 型铝芯塑料线			
	25℃	30℃	35℃	40℃	25℃	30℃	35℃	40℃
2.5	27	25	23	21	25	23	21	19
4	35	32	30	27	32	29	27	25
6	45	42	38	35	42	39	36	33
10	65	60	56	51	59	55	51	46
16	85	79	73	67	80	74	69	63
25	110	102	95	87	105	98	90	83
35	138	129	119	109	130	121	112	102
50	175	163	151	138	165	154	142	130
70	220	206	190	174	205	191	177	162
95	265	247	229	209	250	233	216	197
120	310	280	268	245	283	266	246	225
150	360	336	311	284	325	303	281	257
185	420	392	363	332	380	355	328	300
240	510	476	441	403	—	—	—	—

2. BLX 和 BLV 型铝芯绝缘导线穿钢管时的允许载流量（导线正常最高允许温度为 65℃）（单位：A）

导线型号	芯线截面/mm²	2 根单芯线				2 根穿管管径/mm		3 根单芯线				3 根穿管管径/mm		4~5 根单芯线				4 根穿管管径/mm		5 根穿管管径/mm	
		25℃	30℃	35℃	40℃	G	DG	25℃	30℃	35℃	40℃	G	DG	25℃	30℃	35℃	40℃	G	DG	G	DG
BLX	2.5	21	19	18	16	15	20	19	17	16	15	15	20	16	14	13	12	20	25	20	25
	4	28	26	24	22	20	25	25	23	21	19	20	25	23	21	19	18	20	25	20	25
	6	37	34	32	29	20	25	34	31	29	26	20	25	30	28	25	23	20	25	25	32
	10	52	48	44	41	25	32	46	43	39	36	25	32	40	37	34	31	25	32	32	40
	16	66	61	57	52	25	32	59	55	51	46	32	32	52	48	44	41	32	40	40	(50)
	25	86	80	74	68	32	40	76	71	65	60	32	40	68	63	58	53	40	(50)	40	—
	35	106	99	91	83	32	40	94	87	81	74	32	(50)	83	77	71	65	40	(50)	50	—
	50	133	124	115	105	40	(50)	118	110	102	93	50	(50)	105	98	90	83	50	—	70	—
	70	164	154	142	130	50	(50)	150	140	129	118	50	(50)	133	124	115	105	70	—	70	—
	95	200	187	173	158	70	—	180	168	155	142	70	—	160	149	138	126	70	—	80	—
	120	230	215	198	181	70	—	210	196	181	166	70	—	190	177	164	150	70	—	80	—
	150	260	243	224	205	70	—	240	224	207	189	70	—	220	205	190	174	80	—	100	—
	185	295	275	255	233	80	—	270	252	233	213	80	—	250	233	216	197	80	—	100	—

续表

导线型号	芯线截面 /mm²	2 根单芯线				2 根穿管 管径/mm		3 根单芯线				3 根穿管 管径/mm		4～5 根单芯线				4 根穿管 管径/mm		5 根穿管 管径/mm	
		25℃	30℃	35℃	40℃	G	DG	25℃	30℃	35℃	40℃	G	DG	25℃	30℃	35℃	40℃	G	DG	G	DG
BLV	2.5	20	18	17	15	15	15	18	16	15	14	15	15	15	14	12	11	15	15	15	20
	4	27	25	23	21	15	15	24	22	20	18	15	15	22	20	19	17	15	20	20	20
	6	35	32	30	27	15	20	32	29	27	25	15	20	28	26	24	22	20	25	25	25
	10	49	45	42	38	20	25	44	41	38	34	20	25	38	35	32	30	25	25	25	32
	16	63	58	54	49	25	25	56	52	48	44	25	32	50	46	43	39	25	32	32	40
	25	80	74	69	63	25	32	70	65	60	55	32	32	65	60	56	51	32	40	32	(50)
	35	100	93	86	79	32	40	90	84	77	71	32	40	80	74	69	63	40	(50)	40	—
	50	125	116	108	98	40	50	110	102	95	87	40	(50)	100	93	86	79	50	(50)	50	—
	70	155	144	134	122	50	50	143	133	123	113	40	(50)	127	118	109	100	50	—	70	—
	95	190	177	164	150	50	(50)	170	158	147	134	50	—	152	142	131	120	70	—	70	—
	120	220	205	190	174	50	(50)	195	182	168	154	50	—	172	160	148	136	70	—	80	—
	150	250	233	216	197	70	(50)	225	210	194	177	70	—	200	187	173	158	70	—	80	—
	185	285	266	246	225	70	—	255	238	220	201	70	—	230	215	198	181	80	—	100	—

3. BLX 和 BLV 型铝芯绝缘导线穿硬塑料管时的允许载流量（导线正常最高允许温度为65℃）（单位：A）

导线型号	芯线截面 /mm²	2 根单芯线				2 根穿管 管径/mm	3 根单芯线				3 根穿管 管径/mm	4～5 根单芯线				4 根穿管 管径/mm	5 根穿管 管径/mm
		25℃	30℃	35℃	40℃		25℃	30℃	35℃	40℃		25℃	30℃	35℃	40℃		
BLX	2.5	19	17	16	15	15	17	15	14	13	15	15	14	12	11	20	25
	4	25	23	21	19	20	23	21	19	18	20	20	18	17	15	20	25
	6	33	30	28	26	20	29	27	25	22	20	26	24	22	20	25	32
	10	44	41	38	34	25	40	37	34	31	25	35	32	30	27	32	32
	16	58	54	50	45	32	52	48	44	41	32	46	43	39	36	32	40
	25	77	71	66	60	32	68	63	58	53	32	60	56	51	47	40	40
	35	95	89	82	75	40	84	78	72	66	40	74	69	64	58	40	50
	50	120	112	103	94	40	108	100	93	86	50	95	88	82	75	50	50
	70	153	143	132	121	50	135	126	116	106	50	120	112	103	94	50	65
	95	184	172	159	145	50	165	154	142	130	65	150	140	129	118	65	80
	120	210	196	181	166	65	190	177	164	150	65	170	158	147	134	80	80
	150	250	233	215	197	65	227	212	196	179	75	205	191	177	162	80	90
	185	282	263	243	223	80	255	238	220	201	80	232	216	200	183	100	100
BLV	2.5	18	16	15	14	15	16	14	13	12	15	14	13	12	11	20	25
	4	24	22	20	18	20	22	20	19	17	20	19	17	16	15	20	25
	6	31	28	26	24	20	27	25	23	21	20	25	23	21	19	25	32

导线型号	芯线截面/mm²	2根单芯线				2根穿管管径/mm	3根单芯线				3根穿管管径/mm	4~5根单芯线				4根穿管管径/mm	5根穿管管径/mm
		25℃	30℃	35℃	40℃		25℃	30℃	35℃	40℃		25℃	30℃	35℃	40℃		
BLV	10	42	39	36	33	25	38	35	32	30	25	33	30	28	26	32	32
	16	55	51	47	43	32	49	45	42	38	32	44	41	38	34	32	40
	25	73	68	63	57	32	65	60	56	51	40	57	53	49	45	40	50
	35	90	84	77	71	40	80	74	69	63	40	70	65	60	55	50	65
	50	114	106	98	90	50	102	95	88	80	50	90	84	77	71	65	65
	70	145	135	125	114	50	130	121	112	102	50	115	107	99	90	65	75
	95	175	163	151	138	65	158	147	136	124	65	140	130	121	110	75	75
	120	206	187	173	158	65	180	168	155	142	65	160	149	138	126	75	80
	150	230	215	198	181	75	207	193	179	163	75	185	172	160	146	80	90
	185	265	247	229	209	75	235	219	203	185	75	212	198	183	167	90	100